INSTRUCTIONS

FAMILIÈRES, THÉORIQUES ET PRATIQUES

SUR

LES POIDS DÉCIMAUX

ET

AUTRES ANCIENNEMENT EN USAGE DANS LE DÉPARTEMENT DU CANTAL,
POUR FACILITER L'EXÉCUTION DE LA LOI DU 4 JUILLET 1837;

PAR

J.-B.-A. DUBUISSON,

EXPERT-GÉOMÈTRE, VÉRIFICATEUR DES POIDS ET MESURES DE L'ARRONDISSEMENT
D'AURILLAC (Cantal).

AURILLAC,

CHEZ **B. FERARY**, ÉDITEUR - LIBRAIRE, M^d PAPETIER.

Mars 1839.

Tout exemplaire qui ne portera pas les signatures de l'Auteur
et de l'Editeur sera réputé contrefait.

AURILLAC, DE L'IMPRIMERIE DE P. PICUT.

TABLE ANALYTIQUE

PAR ORDRE DE NUMÉROS.

1. **Exposition et avis préliminaires.** — L'application de la loi de 1837 sur les Poids et Mesures, à compter du 1er janvier 1840, devra être *pleine et entière*; c'est pour préparer son exécution, pour en applanir les difficultés, c'est enfin dans un but d'utilité publique que ces instructions ont été rédigées et publiées.

2. **Abrogation du décret impérial du 12 février 1812**, qui avait introduit notamment *la livre métrique divisée en onces.* — Remise en vigueur de toutes les dispositions des lois organiques, constitutives du système métrique décimal du 18 germinal an III et 19 frimaire an VIII. — Tous poids, romaines ou mesures *non décimaux*, sévèrement proscrits et prohibés, il ne sera plus permis de s'en *servir*, ni d'employer leurs *dénominations*, pas même d'en *conserver* dans les boutiques, magasins ou ailleurs.

3. **Vérificateurs des Poids et Mesures**, assujettis à prêter serment, ont droit de procéder à toutes saisies d'articles illégaux, et de dresser tous procès-verbaux de contravention.

4. **Tableau** présentant la série des poids *métriques et usuels* prohibés, ainsi que *les romaines métriques et les mesures d'huiles;* tous articles qu'il faudra *absolument* faire disparaître pour les remplacer par des mesures et des poids *décimaux*.

5. **Nomenclature** ou noms systématiques *des poids métriques décimaux* imposés par les lois, et les seuls qu'on puisse désormais employer.

6. **Kilogramme**, *étalon prototype des poids*, gramme *unité fondamentale*.

7. **Tableau des poids légaux**, avec leurs noms et leur valeur relative décimale.

(4)

8. Les poids nouveaux sont *systématiques, métriques, décimaux* et seuls *légaux.*

9. Echelle numérique des poids, avec ses décompositions.

10. Des unités de compte, quoique *facultatives*, il conviendrait néanmoins de ne compter, dans les usages ordinaires, que par quintaux, par kilogrammes et par grammes, avec deux et au plus avec trois décimales.

11. Des poids considérés comme *instrumens pondériques ou de pesage*, avec tableau des poids, dont la fabrication est permise à l'exclusion de toutes autres valeurs ; ces poids sont de huit espèces fournissant chacune trois poids différens ; la matière, la forme et les inscriptions des poids sont aussi fixés par des réglemens.

12. Poids en cuivre enchassés les uns dans les autres, composant *le kilogramme divisé*, au nombre de treize pièces, avec leurs noms et valeurs.

13. *Demi - kilogramme divisé*, composé de onze pièces, avec leurs noms et valeurs.

14. Monnaies considérées, eu égard à leur poids, sont *métriques.*

15. *Des balances*, de leurs qualités principales ; avis essentiel.

16. *Balances - bascules* sont assujetties aux vérifications et poinçonnemens.

17. *Minimum obligatoire*, ce que c'est ; tableau présentant l'ensemble des poids, dont doivent être composées les séries des marchands, suivant la nature et l'étendue de leur commerce, avec le tarif des droits annuels, susceptibles de quelques réductions.

18. *Des pesées*, sont exécutées au moyen d'un certain nombre de poids compris dans le tableau (n° 17). Crainte de mécompte, on doit les additionner en cotant par ordre les poids mis sur les plateaux ; savoir : les myria sous les myria, les kilo sous les kilo, ainsi des autres.

19. *Romaines métriques* tolérées jusqu'à ce jour. Les moins mauvaises sont celles dites *oscillantes*, si elles ne sont prohibées à dater de 1840. Elles devront être *décimales*, donnant des kilogrammes, des demi-kilo et des hectogrammes. Tarif pour avoir la valeur des hectogrammes d'après le prix du kilogramme.

*Poids anciennement en usage dans les diverses communes
du département du Cantal.*

FIN DE LA TABLE.

INSTRUCTIONS

FAMILIÈRES

LES POIDS ANCIENS ET NOUVEAUX.

1. L'on ne peut disconvenir que la loi de 1837, sur les *Poids et Mesures*, qui a reçu une grande publicité, et qui en effet doit intéresser la société toute entière, n'ait produit un certain retentissement, et que les esprits ne soient encore préoccupés de son exécution prochaine.

Comme l'on peut déjà pressentir que l'accomplissement de cette loi sera d'autant plus rigoureusement exigé et surveillé que le *système métrique décimal*, si commode pour les calculs, si sublime par sa simplicité même, semble néanmoins destiné, après tant d'années d'expérience, à lutter encore contre l'ignorance et contre la tenacité de vieilles habitudes, *il devient urgent plus que jamais* que tous ceux qui sont plus ou moins dans le cas d'employer publiquement des Mesures et des Poids, soient convaincus que c'est pour eux une impérieuse nécessité de songer enfin sérieusement à exécuter en tous points les lois et les réglemens qui les concernent; ainsi, bien pénétrés de leurs obligations à cet égard, ils devraient se pourvoir sans délai et à l'avance des *Poids décimaux* nécessaires pour leur débit, afin de se familiariser peu à peu avec leurs divisions par dix, avec leurs valeurs relatives, de peur, qu'en différant jusqu'au dernier moment de se procurer le nouveau matériel qui leur est prescrit, **et d'acquérir quelques** notions indispensables, ils ne soient tout-à-coup pris au dépourvu, dans le cas fâcheux d'eprouver des embarras de compte à chaque instant dans leur commerce, et **de** se trouver exposés à des poursuites en contravention.

Dans ces circonstances, nous avons éprouvé le besoin de venir en aide provisoirement à tous ceux qui emploient des *Poids* ou leurs *dénominations*, et de seconder leur bonne volonté, en leur fournissant l'occasion de s'éclairer au moyen d'instructions précises, de calculs simplifiés et dégagés de toute enveloppe scientifique, suivis de tables de réduction et tarifs utiles et commodes, surtout pour les personnes qui n'auraient pas encore une grande habitude du calcul décimal.

Si ces instructions *familières*, concernant spécialement les Poids qui n'exigent qu'une bien légère tension d'esprit, et le sacrifice de quelques momens de loisir, sont accueillies avec bienveillance ; si elles produisent quelques bons effets, comme nous en avons l'espoir, elles seront bientôt suivies de celles relatives aux autres classes de mesures, nécessaires quoique moins importantes, et d'un manuel de calcul décimal très-simplifié, au moyen duquel tout lecteur pourra apprendre, sans le concours d'aucun maître, les élémens de l'arithmétique les plus essentiels.

2. La loi du 4 juillet 1837 abroge et rapporte le décret du 12 février 1812, qui avait attéré jusqu'à un certain point la pureté, l'unité *originelles* du *système métrique décimal*, par l'introduction provisoire de *Mesures usuelles*, pour le détail, *notamment de la livre métrique divisée en onces, gros et grains*, comme transition, sans doute, ou passage alors nécessaire de l'ancien au nouveau régime des Poids.

En conséquence, à partir *du 1ᵉʳ janvier* 1840, tous Poids et Mesures autres que les Poids et Mesures établis par les lois du 18 germinal an III et 19 frimaire an VIII, organiques et constitutives du système métrique décimal, seront interdits ; *et ceux qui auront*, comme *ceux qui emploieront* tous articles défendus, qui se serviront de *dénominations* anciennes, devront être poursuivis et punis suivant les dispositions ci-après indiquées (24) du code pénal.

En résumé, et pour ce qui concerne les *Poids*, en vertu de cette loi, tous assujettis devront en premier lieu expulser de leurs magasins et boutiques, non seulement les Poids anciens, mais encore les livres métriques usuelles, les romaines métriques divisées en livres, et les Mesures d'huile (4), articles qui devront être aussitôt *remplacés* par leurs analogues *métriques décimaux*, suivant leurs *dénominations* légales (nᵒˢ 7 et 11).

Cette loi bien comprise doit être considérée comme un éminent bienfait et comme une preuve manifeste de la constante sollicitude du gouvernement pour obtenir intégralement *l'uniformité des Poids et Mesures* depuis si longt-temps attendue, et définitivement fixée au moyen du bel établissement du système métrique *décimal*.

3. Les Vérificateurs des Poids et Mesures, après avoir prêté serment, *devront* constater toutes les contraventions qu'ils parviendront à découvrir dans l'exercice de leurs fonctions ; *ils pourront saisir* tous articles illégaux, et *dresser des procès-verbaux de contravention.*

Dans les numéros qui suivent, l'on trouvera successivement des notions suffisantes qui, bien saisies et bien appliquées, pourront applanir toutes difficultés, et préparer ainsi l'exécution complète de la loi de 1837, pour ce qui concerne les *Poids.*

4. La série des Poids métriques usuels *prohibés*, dont la simple *possession* constituera en 1840 une contravention, se compose des articles suivans :

1° Poids de 10 livres représentant 5 *kilogrammes* ou 5000 *grammes.*
2°   *Id.*   8 ———— 4 ——— ou 4000
3°   *Id.*   6 ———— 3 ——— ou 3000
4°   *Id.*   4 ———— 2 ——— ou 2000
5°   *Id.*   2 ———— 1 ——— ou 1000
6°   *Id.*   1 ———— ½ ——— ou 500
7° Poids de *demi-livre* équivalent à. 250
8° Poids du *quart* ou 4 *onces.* 125
9° Poids du *demi - quart* ou 2 *onces.* 62,505
10° Poids de l'once ou *seizième de la livre.* 31,252
11° —— demi-once ou. 15,626
12° —— de deux gros. 7,813
13° —— de un gros. 3,906
14° —— demi-gros. 1,953
15° —— 24 grains. 1,502
16° —— 12 grains. 0,651
17° —— 8 grains. 0,454
18° —— 6 grains. 0,325
19° —— 4 grains. 0,217
20° —— 3 grains. 0,162
21° —— 2 grains. 0,108
22° —— 1 grain. 0,054

Les *Romaines métriques* de toute portée et les *Mesures métriques* pour les huiles non *décimales*, sont aussi prohibées.

NOMENCLATURE Systématique des Poids décimaux seuls légaux.

5. L'unité fondamentale *des Poids* est le. . . . . . gramme.
Dix grammes forment le. . . . . *déca* gramme.
Dix décagrammes forment un. . . . . *hecto* gramme.
Dix hectogrammes font un. . . . . *kilo* gramme.
Cent kilogrammes font un *quintal* métrique.
Mille kilogrammes forment le *millier* ou tonneau de mer.

Le *gramme* se divise en dix parties nommées.... *déci* grammes.
Le *déci gramme* se divise en dix parties nommées *centi* grammes.
Le *centi gramme* se divise enfin en dix........ *milli* grammes.

Il ne faut donc pas oublier, ni ces divisions *décimales*, ni qu'en fait de Poids et Mesures, *déca* veut dire dix; *hecto*, cent; *kilo*, mille; *myria*, dix mille;

Que *déci*, *centi*, *milli* signifient *dixième*, *centième*, *millième*.

6. Le *kilogramme*, étalon des Poids, d'après la loi du 19 frimaire an VIII, correspond au Poids *d'un décimètre cube* d'eau pure, capacité du litre; son poids a été trouvé, en grains anciens, de 18827,15.

Le *gramme*, millième du kilo, vaut par conséquent, en grains anciens 18,82715, et pèse un centimètre cube d'eau.

7. **TABLEAU des Valeurs décimales des Poids susdits (5) exprimées en chiffres, avec leurs dénominations légales seules permises.**

1 vaut	kilogram.	hectogra.	décagram.	gramme.	décigramme.	centigramme.	milligram
décigramme. 1 vaut						10	
gramme. 1 vaut					10	ou 100	
décagram. 1 vaut				10	ou 100	ou 1000	
hectogra. 1 vaut			10	ou 100	ou 1000	ou 10000	
kilogram. 1 vaut		10	ou 100	ou 1000	ou 10000	ou 100000	
myria. 1 vaut	10	ou 100	ou 1000	ou 10000	ou 100000	ou 1000000	
1 vaut	10	ou 100	ou 1000	ou 10000	ou 100000	ou 1000000	ou 10000000

8. Les Poids nouveaux forment *un système*, parce qu'ils sont parfaitement liés et coordonnés entre eux; ils sont *métriques*, parce que le *gramme*, leur unité fondamentale, représente la pesanteur ou le poids d'un *centimètre cube* d'eau distillée, pesée dans le vide, à la température de 4 degrés centigrades; ces Poids sont *décimaux*, parce que leur série va croissant ou décroissant de dix en dix, et enfin ils sont *légaux* parce qu'ils sont prescrits et imposés par la loi.

ÉCHELLE numérique des Poids exprimés en chiffres.

9 Soit le nombre pondérique exprimant des grammes et des milligrammes, ci 8763251,948

Ce nombre écrit suivant les principes de la numération décimale donnera,

1° 8 millions 763 mille 251 grammes 948 milligrammes ;

2° Et d'après le n° 5, il exprime également 8 milliers, ou tonneaux de mer, 7 quintaux, 63 kilos, 2 hecto, 5 déca, 1 gramme ; 9 décigrammes, 4 centigrammes, 8 milligrammes ;

3° Enfin sa décomposition donnerait les nombres pondériques et partiels qui suivent, écrits en chiffres d'après leur qualité :

	gr. milligr.
1°.	0,008
2°.	0,04
3°	0,9
4° En grammes	1,0
5° En 5 décagrammes ou 50 grammes. . . .	50,0
6° En 2 hectogrammes égaux à 200 grammes.	200,0
7° En 63 kilogram., ou 63 mille grammes.	63000,0
8° En 7 quintaux, ou 7 centaines de kilos .	700000,0
9° En 8 milliers chacun de 1,000 kilos. . .	8000000,0

Des Unités de compte.

10. Chaque *unité pondérique* peut servir sans difficulté *d'unité de compte*, pourvu qu'il n'y ait dans l'énoncé, ni ambiguité, ni manque de précision ; c'est-à-dire que l'on pourrait compter par grammes, décagrammes, hectogrammes, etc.; mais pour plus de commodité, et pour alléger la mémoire de toute complication de mots et de valeurs inutiles pour les usages journaliers, on devra se borner à compter par *quintaux*, par *kilos* et par *grammes*, avec deux, ou au plus avec trois décimales.

En comptant de la sorte, par *quintaux* on devra dire et écrire 876 quintaux 342 millièmes de quintal ci. 876,342 au lieu de 87 milliers, 6 quintaux, 34 kilos, 2 hecto.

En comptant par kilogrammes, il ne serait plus question ni de quintaux, ni d'hectogrammes, etc.; et on dirait simplement : 260 kilos 35 centièmes de kilogramme, au lieu de 2 quintaux 60 kilos 35 déca.

Enfin, en adoptant le gramme pour les pesées délicates, on devra dire diversement : 12 grammes 368 milligrammes 97 grammes 58 déca et 239 grammes 5 décigrammes, les centigrammes pour cette dernière portée étant comme nuls.

Ces exemples, comme on peut le penser, sont susceptibles de modifications, et ne sont proposés que pour donner l'intelligence des *unités de compte* et de leurs limites rationnelles, dans les usages ordinaires.

POIDS considérés comme Instrumens de Pesage.

11. Plus on avancerait dans la connaissance du *système des Poids et Mesures*, et plus on saurait apprécier la haute intelligence qui a choisi et lié tous ses élémens; ainsi, relativement aux Poids proprement dits, tout a été réglé d'une manière parfaite et artistique, quant à la matière, à la forme, aux inscriptions, au nombre et à la valeur; et ce n'est que lorsque toutes les conditions prescrites ont été observées par le fabricant, que chaque Poids admis et vérifié, peut recevoir la marque constatant sa légalité.

De sorte que des Poids d'étain, de plomb, de marbre ou de pierre seraient inadmissibles à la vérification, de

(14)

même que des Poids de 3 kilogrammes, de 4, de 6, de 7, etc., les unités de poids au nombre de 8 ne devant fournir que trois poids chaque : *l'unité, son double et son quintuble*, conformément au tableau suivant qu'il serait bon d'étudier avec les poids sous les yeux.

TABLEAU des Poids en fer ou en cuivre,

Dressé en exécution des lois de l'an III et de l'an VIII avec leur nom, leur inscription, leur valeur en gramme et leur valeur en livres, onces, gros et grains.

	NOMS DES POIDS.	INSCRIP^{on}.	VALEURS en Grammes.	Valeurs en Livres Poids de marc.			
				liv.	onc.	gr.	grains.
1°.	Cinq myriagrammes.	5 myria.	50 kilogr.	102	2	2	20
	Double myriagramme.	2 myria.	20	40	03	5	55
	Un myriagramme.	1 myria.	10	20	6	6	63
2°.	Cinq kilogrammes.	5 kilo.	5000 gram.	10	3	3	32
	Double kilogramme.	2 kilo.	2000	4	1	2	70
	Un kilogramme.	1 kilo.	1000	2	0	5	35
3°.	Cinq hectogrammes.	5 hecto.	500	1	0	2	54
	Double hectogramme.	2 hecto.	200	0	6	4	21
	Un hectogramme.	1 hecto.	100	0	3	2	11
4°.	Cinq décagrammes.	5 déca.	50	0	1	5	5
	Double décagramme.	2 déca.	20	0	0	5	17
	Un décagramme.	1 déca.	10	0	0	2	44
5°.	Cinq grammes.	5 gram.	5	0	0	1	22
	Double gramme.	2 gram.	2	0	0	0	38
	Un gramme.	1 gram.	1	0	0	0	19
6°.	Cinq décigrammes.	5 décigr.	0,5	0	0	0	9,41
	Double décigramme.	2 décigr.	0,2	0	0	0	2,67
	Un décigramme.	1 décigr.	0,1	0	0	0	1,88
7°.	Cinq centigrammes.	5 centigr.	0,05	0	0	0	0,94
	Double centigramme.	2 centigr.	0,02	0	0	0	0,38
	Un centigramme.	1 centigr.	0,01	0	0	0	0,19
8°.	Cinq milligrammes.	5 milligr.	0,005	0	0	0	0,09
	Double milligramme.	2 milligr.	0,002	0	0	0	0,03
	Un milligramme.	1 milligr.	0,001	0	0	0	0,015

NOTA. Jusqu'à ce jour, tous autres Poids quelconques décimaux sont illégaux et prohibés ; il n'y en a donc que de 8 espèces donnant 24 Poids différens.

La vérification et le poinçonnement de tous ces Poids neufs ou rajustés, présentés au bureau par les fabricans ou rajusteurs, doit se faire gratuitement à compter du 1er janvier 1839.

12°. VALEUR des 13 Poids qui composent le kilogamme divisé en cuivre.

		liv.	onc.	gr.	grs
5 *hectogrammes*, ou demi kilogramme, ou . .	500 gram. ou 1	0	2	54
2 *hectogrammes*, ou deux dixièmes de kilo. . .	200	0	6	4	21
1 *hectogramme*, ou dixième de kilo	100	0	3	2	11
1 *hectogramme*, autre dixième de kilo	100	0	3	2	11
5 *décagrammes*, ou demi-hecto	50	0	1	5	5
2 *décagrammes*, ou deux dixièmes d'hecto.	20	0	0	5	17
1 *décagramme*, ou dixième d'hecto . . .	10	0	0	2	44
1 *décagramme*, autre dixième d'hecto . . .	10	0	0	2	44
5 *grammes*, ou demi-décagramme	5	0	0	1	22
2 *grammes*, ou deux-dixièmes de décagramme.	2	0	0	0	38
1 *gramme*, ou dixième de décagramme	1	0	0	0	18,827
1 *gramme*, autre dixième de décagramme. . . .	1	0	0	0	19
1 *gramme*, autre dixième de décagramme. . . .	1	0	0	0	19

13.° VALEUR des 11 Poids du demi-Kilogramme en cuivre à Godets.

		liv.	onc.	gr.	grs
2 *hectogrammes*, ou deux dixièmes de kilo, ou	200 gram. ou 0	6	1	21
1 *hectogramme*, ou dixième de kilo	100	0	3	2	11
1 *hectogramme*, autre dixième de kilo	100	0	3	2	11
5 *décagrammes*, ou demi-hecto	50	0	1	5	5
2 *décagrammes*, ou deux dixièmes d'hecto.	20	0	0	5	17
1 *décagramme*, ou dixième d'hecto . . .	10	0	0	2	44
1 *décagramme*, autre dixième d'hecto . .	10	0	0	2	44
5 *grammes*, ou demi-décagramme	5	0	0	1	22
2 *grammes*, ou deux dixièmes de décagramme.	2	0	0	0	38
2 *grammes*, autre deux dixièmes de décagram .	2	0	0	0	38
1 *gramme*, ou dixième de décagramme	1	0	0	0	19

14°. *Les* **Monnaies** *étant rattachées au système métrique par leur poids et par leurs dimensions, eu égard à l'altération plus ou moins grande provenant du frai, peuvent à la rigueur remplacer les Poids suivans.*

Pour
- 5 *kilogrammes* . . un sac de 1,000 fr. en écus de 5 fr.
- 2 *kilogrammes* . . . 155 pièces d'or de 40 fr., ou 50 écus de 5 fr.
- 1 *kilogramme* . . . 155 pièces d'or de 20 fr., ou 40 écus de 5 fr., ou 200 fr.

Pour
- 5 *hectogram* . 20 écus de 5 fr., ou 100 fr. argent.
- 2 *hectogram* . 8 écus de 5 fr., ou 40 fr. argent.
- 1 *hectogram* . 4 écus de 5 fr., ou 20 fr. argent.

Pour
- 5 *décagrammes* . . 2 écus de 5 fr., ou 10 fr. argent.
- 2 *décagrammes* . . 2 pièces de 40 sous, ou 4 pièces de 1 fr.
- 1 *décagramme* . . 1 pièce de 40 sous, ou 1 sou, ou 2 pièces de 20 sous.

Pour
- 5 *grammes* . . 1 pièce de 20 sous.
- 2 *grammes* . . . 1 centime, ou 1 pièce de 2 sous de billon.
- 1 *gramme* . . la différence entre une pièce de 20 s., ou 1 fr., et 2 pièces de 2 s. de billon, ou 2 pièces de 1 cent.

Balances à Bras.

15. Il serait illusoire de veiller à la fabrication et à la justesse des Poids, si les Balances n'étaient pas également bien établies, suffisamment sensibles et d'une grande précision, suivant leur portée ; aussi ont-elles été assimilées aux Poids par arrêt du 12 juillet 1822, et sont-elles assujetties à la vérification et au poinçonnement.

Les savans et les artistes reconnaissent que les Balances sont des instrumens d'une fabrication difficile et délicate ; on ne peut donc les apprécier entièrement à la simple vue ; mais il convient du moins de s'assurer, par un examen superficiel, de la régularité de leur construction, de leur solidité ; on doit examiner si le *fléau* ou les *bras* sont posés de champ, s'ils jouent librement dans la *chappe*, sans vaciller, afin que le *couteau* ne puisse porter sur les *coussinets*, tantôt sur un point et tantôt sur l'autre ; on doit enfin veiller à ce que l'*aiguille* ou *index* soit solidement fixé au centre du *fléau*, et à ce que les *bassins* ou *plateaux* aient une grande mobilité en leurs points de suspension.

L'exposé des principales qualités que doivent avoir les Balances n'est pas ici hors de propos, vu que le marchand et même le consommateur sont intéressés à leur bonne exécution et à leur bonne tenue ; car il est bien choquant et même inconvenant de les voir rongées par la rouille, avec les plateaux constamment mal-propres, mal suspendus ou équilibrés, avec des morceaux de ferraille qu'on peut mettre ou retirer à volonté.

Considérées sous le rapport de leur grandeur, sont réputées Balances de magasin celles dont les *fléaux* ont 65 centimètres de longueur ; celles au-dessous sont dites *Balances de comptoir*.

Enfin, il est essentiel de consigner ici que suivant arrêt du 30 août 1822, lorsque l'un des plateaux d'une Balance, placée sur un comptoir, est trouvé inclinant ou penché d'un côté plus que de l'autre, le détenteur est *présumé* en avoir fait usage, et il doit être traduit, en ce cas, devant le tribunal *correctionnel*, et non devant le tribunal de simple *police*.

Balances - Bascules.

16 Les Balances - Bascules sont des instrumens de pesage soumis à la révision annuelle et au poinçonnement, ainsi que leurs Poids ; elles sont généralement artistement construites ; leurs principales qualités sont ensuite d'avoir leurs oscillations bien perceptibles, et une sensibilité qui est réglée à un millième au moins du poids de chaque portée.

Minimum obligé.

17. Chaque marchand, suivant la nature et l'étendue de son négoce, doit être pourvu des Poids, Mesures et instrumens nécessaires pour ses expéditions ou pour son débit; et c'est ce matériel, convenablement réglé par les autorités compétentes, qui est qualifié de *minimum obligatoire* ou *obligé*.

Les séries obligatoires doivent être composées régulièrement *au moins* de quatre poids de chaque espèce ; savoir : d'un poids de l'*unité*, deux poids de son *double*, et un poids de son *quintuble*, ce qui donne *douze poids* pour chacune des quatre classes principales de marchands.

Pour le marchand en gros de cuivre ou de fer, quatre poids en myriagrammes, quatre poids en kilogram-

mes, et quatre poids en hectogrammes, pesant ensemble 111 kilogrammes.

Pour les marchands de demi-gros, deux myria, un
myria, quatre poids en kilos, quatre poids en hecto, cinq
déca, et deux décagrammes, pesant au total 41 kilos
7 déca.

Pour les marchands épiciers de détail, quatre poids
en kilos, quatre poids en hecto et quatre poids en déca,
pesant au total 11 kilogrammes 1 hectogramme.

Et pour les marchands de menu détail, deux kilos, un
kilo, quatre poids en hecto, quatre poids en déca, cinq
grammes et deux grammes, pesant lesdits poids en tout
4 kilos 1 hecto et 7 grammes.

Les Poids *obligés* des pharmaciens, bijoutiers, orfè-
vres et débitans de tabac pourraient se borner au kilogramme divisé en cuivre (12), avec tels autres Poids
isolés en cuivre ou en fer, qu'ils pourraient juger nécessaires, en hectogrammes et en kilogrammes.

Enfin, et pour se compléter convenablement, chaque
marchand pourra consulter le tableau qui suit, ne crai-
gnant pas de nous répéter, afin d'éviter au lecteur toutes
recherches ; il est du reste bien entendu que ce n'est qu'à
titre de renseignemens que nous offrons ces détails, et
non comme des prescriptions.

Tableau des Poids, *au moyen duquel chaque Marchand peut composer son minimum suivant ses besoins.*

NOMS DES POIDS.	VALEURS en kilogram. et en grammes	VALEURS en Livre poids de marc.				TARIF DES DROITS de Vérification annuelle.	
		liv.	onces	gros	grains	Poids en cuivre	Poids en fer
10 myr. cinq myriagr...	50kil.	102liv.	2o.	2gr.	29gr		0 f. 50 c.
double myriagr...	20	40	13	5	55	0 f. 37 c. 5	0, 25
double myriagr...	20	40	13	5	55	0, 37, 5	0, 25
un myriagr...	10	20	6	6	63	0, 37, 5	0, 25
10 kil.. cinq kilogram.	5000gra.	10	3	3	32	0, 37, 5	0, 25
double kilogram.	2000	4	1	2	70	0, 15	0, 10
double kilogram.	2000	4	1	2	70	0, 15	0, 10
un kilogram..	1000	2	0	5	35	0, 15	0, 10
10 hect. cinq hectogr...	500	1	0	2	54	0, 15	0, 10
double hectogr...	200	0	6	4	21	0, 7, 5	0, 05
double hectogr...	200	0	6	4	21	0, 7, 5	0, 05
un hectogra..	100	0	3	2	11	0, 7, 5	0, 05
10 déca. cinq décagram.	50	0	1	5	5	0, 7, 5	La série des poids en fer se termine à l'hectogramme.
double décagram.	20	0	0	5	17	0, 7, 5	
double décagram.	20			5	17	0, 7, 5	
un décagram.	10			2	44	0, 7, 5	
10 gra.. cinq grammes.	5			1	22	0, 7, 5	
double gramme..	2				38	0, 7, 5	
double gramme..	2				38	0, 7, 5	
un gramme..	1				19	0, 7, 5	

	Poids en cuivre	
Kilogrammes divisés paient annuellement	0 f. 45 c.	
Demi-kilogramme.	0, 30	D'après l'ordonnance royale du 21 déce. 1832, ces droits sont susceptibles de quelques réductions.
Balances de magasin.	0, 50	
Balances de comptoir	0, 25	
Romaines	0, 50	
Balances-Bascules ordinaires.	1, 00	
Balances-Bascules au-dessus de 100 kilogrammes.	2, 00	

Des Pesées.

18. Toutes *pesées* quelconques de marchandises doivent être faites exclusivement au moyen de la combinaison d'un certain nombre de Poids portés au précédent tableau, avec des Balances *suspendues à une hauteur convenable*, grosses, moyennes ou petites, employées suivant leur portée ; il s'en suit donc que chaque pesée forme réellement un nombre pondérique *complexe*, c'est-à-dire, qui embrasse plusieurs nombres en unités de plusieurs ordres de Poids mis sur le plateau, tels que la *pesée* d'un balot qui aurait employé deux Poids de 5 myria, un double myria, un 5 kilos, un 2 kilos, un kilo, un 5 hecto, double hecto, 5 déca ; revenant le total à 12 myria, 8 kilos, 7 hecto, 5 décagrammes.

Cela bien entendu, si l'on avait à ajouter plusieurs pesées ensemble, pour éviter tout mécompte, l'on devrait, suivant nous, leur conserver la forme *complexe*, sauf, après addition, à réduire le total en *unités de compte* (10) dont les nombres affectent la forme décimale. On verra ci-après qu'il faut toujours leur donner cette dernière forme pour les multiplier ou pour les diviser.

Il faut savoir maintenant qu'un nombre pondérique décimal est toujours composé de deux nombres séparés par la virgule décimale, celui de gauche représentant des unités toujours considérées comme *entières*, et celui de droite exprimant des dixièmes, centièmes, etc., c'est-à-dire, une fraction décimale, ou des *décimales* de ces mêmes unités entières. Du reste, un nombre pondérique peut, sans changer de valeur, être transformé de nombre *complexe* en nombre *décimal* ou en nombre *entier*, de sorte que la pesée ci-dessus de $12^{myr.}\ 8^{kil.}\ 7^{hect.}\ 5^{déc.}$, reviendrait, en nombre *décimaux*, en myriagrammes, à 12^{myr} 875$^{mill.}$; en kilogrammes, à 128$^{kil.}$ 75$^{cent.}$, et en nombre entier ou grammes, à 128750$^{gram.}$.

Des Romaines.

19. Les *Romaines* sont des espèces de balances à bras inégaux, dont le poids curseur fait office d'une série de poids suivant la graduation du bras qu'on lui fait parcourir. Une balance peut servir pour tous les systèmes de Poids; la *Romaine*, au contraire, ne peut servir que pour un seul système; elle est d'une construction assez délicate et très-propre à favoriser la fraude. Cependant étant plus expéditive que la balance, et pouvant donner, entre bonnes mains, et dans certains cas, des résultats suffisamment exacts, elle a été tolérée jusqu'à ce jour, et assimilée aux Poids, par arrêt du 12 juillet 1822.

Les *Romaines* les moins mauvaises sont celles dites *oscillantes*, et toutefois, comme ces instrumens de pesage les mieux exécutés n'inspirent généralement que peu de confiance, il est présumable qu'ils seront prohibés à compter du 1er janvier 1840, par ordonnance ou arrêté à intervenir pour l'exécution de la loi de 1837; mais dans tous les cas, s'ils sont tolérés de nouveau, avec quelques restrictions, il faudra du moins qu'ils soient *décimaux* et cochés en conséquence, pour donner des kilos et des hectogrammes, ces derniers revenant au cinquième de l'ancienne livre poids de marc, un peu plus de trois onces.

Tarif ou Table

Donnant la valeur des hectogrammes de la Romaine, d'après le prix du kilogramme porté sur la première colonne.

PRIX par Kilogrammes.	1 Hectog.	2 Hecto.	3 Hecto.	4 Hecto.	5 Hecto.	6 Hecto.	7 Hecto.	8 Hecto.	9 Hecto
	f. c.	f. c.	f. c.	f. c.	f. c.	f. c.	f. c.	f. c.	f. c.
6 s. ou 0 f. 30	1,03	0,06	0,09	0,12	0,15	0,18	0,21	0,24	0,27
7 0 35	0,03	0,07	0,10	0,14	0,17	0,21	0,24	0,28	0,31
8 0 40	0,04	0,08	0,12	0,16	0,20	0,24	0,28	0,32	0,36
9 0 45	0,04	0,09	0,13	0,18	0,22	0,27	0,31	0,36	0,40
10 0 50	0,05	0,10	0,15	0,20	0,25	0,30	0,35	0,40	0,45
11 0 55	0,05	0,11	0,16	0,22	0,27	0,33	0,38	0,44	0,49
12 0 60	0,06	0,12	0,18	0,24	0,30	0,36	0,42	0,48	0,54
13 0 65	0,06	0,13	0,19	0,26	0,32	0,39	0,45	0,52	0,58
14 0 70	0,07	0,14	0,21	0,28	0,35	0,42	0,49	0,56	0,63
15 0 75	0,07	0,15	0,22	0,30	0,37	0,45	0,52	0,60	0,67
16 0 80	0,08	0,16	0,24	0,32	0,40	0,48	0,56	0,64	0,72
17 0 85	0,08	0,17	0,25	0,34	0,42	0,51	0,59	0,68	0,76
18 0 90	0,09	0,18	0,27	0,36	0,45	0,54	0,63	0,72	0,81
19 0 95	0,09	0,19	0,28	0,38	0,47	0,57	0,66	0,76	0,85
20 sous	0,10	0,20	0,30	0,40	0,50	0,60	0,70	0,80	0,90
21	0,10	0,21	0,31	0,42	0,52	0,63	0,73	0,84	0,94
22	0,11	0,22	0,33	0,44	0,55	0,66	0,77	0,88	0,99
23	0,11	0,23	0,34	0,46	0,57	0,69	0,80	0,92	1,03
24	0,12	0,24	0,36	0,48	0,60	0,72	0,84	0,96	1,08
25	0,12	0,25	0,37	0,50	0,62	0,75	0,87	1,00	1,12
26	0,13	0,26	0,39	0,52	0,65	0,78	0,91	1,04	1,17
27	0,13	0,27	0,40	0,54	0,67	0,81	0,94	1,08	1,21
28	0,14	0,28	0,42	0,56	0,70	0,84	0,98	1,12	1,26
29	0,14	0,29	0,43	0,58	0,72	0,87	0,01	1,16	1,30
30	0,15	0,30	0,45	0,60	0,75	0,90	0,05	1,20	1,35

Comme on le voit sur la première ligne de cette table, bonne à consulter pour le débit des menues denrées à la *Romaine*, à raison de 6 sous ou 30 centimes le kilogramme, 5 hectogrammes reviennent à 15 centimes, 7 hecto à 21 centimes, et 9 hecto à 27 centimes. A 23 sous le kilo, on aurait, pour 3 hecto, 34 centimes, et pour 8 hecto, 92 centimes, ainsi des autres. On rendrait cette table beaucoup plus étendue et applicable à un plus grand nombre de cas, par le mouvement de la virgule décimale, suivant les instructions (n° 51).

20. En général, comme les comptes journaliers de grand et de petit négoce, exprimés en nombres pondériques, s'exécutent au moyen des quatre règles d'arithmétique appliquées aux nombres *décimaux*, les exemples suivans pourront être de quelque utilité à ceux des lecteurs qui auraient perdu de vue la pratique de ces opérations, dont les principes seront amplement développés dans le petit *Manuel* que nous nous proposons de faire bientôt imprimer, afin de contribuer de tout notre pouvoir à propager ainsi et à populariser les Poids, les Mesures et les calculs décimaux.

De l'Addition.

Pour l'addition des nombres pondériques *décimaux* ou *complexes métriques*, on doit procéder comme si les nombres étaient entiers, ayant soin de les disposer les uns sous les autres, de manière à faire correspondre les chiffres qui expriment les unités ou les décimales du même ordre ou qualité ; à la somme ou total, on placera la virgule décimale, s'il y a lieu, avant de passer à l'addition de la colonne des unités.

PREMIER EXEMPLE.

On demande le total de 521 kilogrammes, 75 centièmes ; 15 kilogrammes ; 308 kilos, 5 centièmes , plus 9 dixièmes.

$$
\begin{array}{l}
521,75 \\
\ 15,00 \\
308,05 \\
\ \ \ 0,90 \\
\end{array}
$$

Disposition des nombres . . . .

TOTAL 845,70

DEUXIÈME EXEMPLE.

Transformées en nombres complexes, les mêmes pesées à ajouter donneraient :

Pour 521 kil. 75..............	$52^{my.}$ $1^{kil.}$ $7^{hect.}5^{déc.}$		
Pour 15 kil..................	1,	5	
Pour 308 kil. 3 cent..........	30,	8,	0,	5
Et pour 9 dixièmes...........	0,	0,	9,	0
Total identique avec le précédent..	84,	5,	7,	0

Comme ces nombres *complexes* représentent plus directement les diverses pesées qu'on voudrait additionner, et qu'il est plus facile de se reconnaître, on fera très-bien, comme il a été dit, de coter ainsi et d'ajouter les nombres pondériques.

De la Soustraction.

21. Que les nombres pondériques soient *complexes* ou *décimaux*, on doit procéder comme pour la *soustraction* des nombres *entiers*, en disposant convenablement le petit nombre au-dessous du plus grand, et en plaçant la virgule au résultat, si les nombres sont *décimaux*, après avoir procédé sur les dixièmes.

PREMIER EXEMPLE.

Sur 907 quintaux 59 centièmes de marchandises reçues, il en a été vendu 7 milliers 95 quintaux 27 myria 158 kilogram. ; combien en reste-il à vendre ?

Dans ce cas , on doit commencer par rendre les deux nombres homogènes, en réduisant de préférence le petit nombre en quintaux et fractions décimales du quintal.

En se rappelant que le millier vaut 10 quintaux, le quintal

100 kilos, et le myria 10 kilos, le second nombre sera composé ; savoir :

   1° Pour les 7 milliers 95 quintaux. . . . . 165$^{\text{quint.}}$

   2° Pour les 27 myria. 2, 70

   3° Pour les 158 kilogrammes. 1, 58

         Total du petit nombre. . . . . 169^q 28

On aura donc
  { 1er nombre ou marchandise reçue. 907^q 59
  { 2e nombre ou marchandise vendue. 169, 28

     Différence, ou restant à vendre. . . . . 738^q 31

DEUXIÈME EXEMPLE.

Soit le nombre *complexe*. . . . . 7$^{\text{myr.}}$ 9$^{\text{kil.}}$ 0$^{\text{hect.}}$ 7$^{\text{décag.}}$

dont on veut retrancher. 4   8   9   8

En procédant comme si les nombres étaient entiers, puisque du reste ces ordres d'unités vont croissant de dix en dix, on aurait, pour reste ou différence. . . . . 3$^{\text{myr.}}$ 0$^{\text{kil.}}$ 0$^{\text{hect.}}$ 9$^{\text{décag.}}$

De la Multiplication.

22. Pour multiplier des nombres pondériques, il faut qu'ils soient sous forme décimale, et l'on procède sur ces nombres comme s'ils étaient entiers, sans faire attention à la virgule, sauf à l'interposer au produit, de manière qu'il ait autant de chiffres décimaux qu'il y en a dans les deux facteurs.

Les multiplications des nombres décimaux les plus faciles à exécuter sont celles dont les *multiplicateurs* sont 10, 100, 1000, etc, puisque dans ces cas il suffit, pour avoir leur produit, de prendre le *multiplicande*, et de le rendre dix fois, cent fois, mille fois, etc. plus grand, en avançant la virgule décimale d'une, deux, trois places

vers la droite ; ainsi, par exemple, dans cette question :
Sachant que la livre poids de marc vaut en kilogrammes
o^k,4895, combien vaudraient 10 livres? on aurait très-
facilement pour valeur demandée.4^k,895.

Dans toute multiplication, le produit est de la nature
du multiplicande, et le multiplicateur quel qu'il soit est
toujours considéré comme *abstrait ;* cependant, dans les
multiplications des nombres *décimaux,* comme dans
celles des nombres *entiers,* on peut, sans influer sur le
produit, renverser les facteurs, pourvu qu'on ne perde
pas de vue la qualité du produit qui est indiquée par la
position de la question qui donne lieu à la multiplication.

EXEMPLE.

Combien coûteraient 16^myr. 25^kil. 8^hect. 3^décag. de certaine marchandise, à raison de 5^f. 75^c. le kilogramme?

Après réflexion, on aura pour multiplicateur, réduit en kilogrammes, 185^kil. 85, et en les considérant comme multiplicande,
pour abréger, on aura à multiplier.   185,85

Par.   3,75

Produit partiel par 5.   92925
Produit par 7.   130093
Produit par 3.   55755

Produit ou prix demandé. .   696,9375 revenant à 694 f. 94 c.

Si amateur qu'on puisse être de l'ancien régime des
Poids, on sera forcé de convenir que les multiplications
analogues à cet exemple ne sauraient inspirer le dégoût
qu'on éprouvait d'abord pour multiplier autrefois des
livres, onces, gros et grains, par les livres, sous et deniers, et réciproquement.

Afin d'en juger par comparaison, qu'on veuille bien
multiplier 5^liv. 7^onc. 3^gro. 15^gra. par 9^f. 13^s. 8^d.

De la Division.

23. Pour diviser comme pour multiplier des nombres pondériques, il faut qu'ils soient sous forme décimale, qu'il est facile de leur donner dans tous les cas, qu'ils soient entiers ou complexes.

Ensuite l'on complète les chiffres décimaux dans les deux termes, s'il y a lieu, et l'on procède enfin comme si les nombres étaient entiers, ou du moins sans faire attention à la virgule.

EXEMPLE. — A raison de 3 fr. 75 c. le kilogramme, combien pèseraient certaines caisses qui auraient coûté 696 fr. 9375 ?

Après avoir bien compris que le poids demandé doit être d'autant de kilogrammes qu'il y a de 3. fr. 75 c. dans la somme 696 fr. 937 c., et après avoir complété les décimales dans les deux termes, on devra exécuter la division de...... 696937 par 37500 qui donnera pour quotient 185 kil. 85. On conçoit combien il est facile d'exécuter et d'appliquer à tous les cas les raisonnemens et la marche de cette division qui sert de preuve à la multiplication précédente.

Les lecteurs qui, faute de pratique, ne reconnaissent pas encore l'immense bienfait de l'uniformité des Poids et Mesures, au moyen de l'introduction exclusive du système métrique décimal, devraient s'amuser à résoudre cette autre division proposée en langage d'autre fois.

On a payé 53 livres poids de marc 5 onces 3 gros 38 grains 466 fr. 15 s. 9 d., on demande à combien revient la livre ?

Il est à présumer, suivant nous, que l'espèce de répugnance que semblent encore éprouver beaucoup de personnes pour les calculs des Poids décimaux, ne peut provenir que d'anciennes préventions qui n'étaient que trop justifiées par l'embarras et par la fastidieuse longueur que de semblables calculs procuraient autrefois.

Rendre un nombre dix fois, cent fois, mille fois, etc. plus petit, c'est le diviser par 10, par 100, par 1000, etc. ; par conséquent, rien de plus facile que de diviser un nombre pondérique par ces nombres, puisqu'il suffit de l'interposition ou de l'avancement d'une virgule décimale vers la gauche d'une, deux, trois, etc. places. De sorte que dans cette question ou tout autre analogue : combien coûte le décagramme de certaine marchandise, à raison de 18 fr. 15 c. le kilo, on aura sans difficulté 18 centimes, en avançant la virgule de deux places vers la gauche, le décagramme étant la centième partie du kilogramme.

On trouvera ci-après diverses applications de ce procédé, ainsi que des quatre règles dont nous venons de rappeler les principes.

INDICATION

DES PRINCIPAUX

DÉLITS ET CONTRAVENTIONS

DONT

Les Vérificateurs des Poids et Mesures doivent requérir la poursuite.

1°.

24. L'usage des faux Poids et Mesures est prévu par les articles du nouveau code pénal 423, 424 et dernier alinéa de l'article 463.

NOTA. Les mesures anciennes, quand même elles auraient été précédemment vérifiées et poinçonnées, sont réputées fausses et illégales. Cette disposition est applicable aux mesures nouvelles ou présentées comme telles, qui n'auraient pas été poinçonnées.

Les Balances sont assimilées aux Poids et Mesures, et lorsqu'un des plateaux d'une Balance placée sur un comptoir est trouvé plus pesant que l'autre, le détenteur de l'instrument est présumé en avoir fait usage, et il y a lieu de le renvoyer devant le *tribunal correctionnel*, et non devant le tribunal de simple police. Les Romaines sont également assimilées aux Poids et Mesures.

2°.

La possession des faux Poids et Mesures dans les magasins, boutiques, ateliers, maisons de commerce, halles, foires et marchés, constitue une contravention suivant

(3o)

les articles dudit code pénal. Art. 479, n° 5 ; 480, n° 3 ; 481, n° 1 ; 482 et 483.

Nota. Les anciens Poids et Mesures réputés faux, trouvés chez un marchand, doivent être confisqués, lors même qu'ils n'auraient pas été trouvés dans sa boutique ou dans son magasin, suivant arrêt de la cour de cassation, du 12 janvier 1809.

3°.

L'emploi de Mesures ou de Poids différens de ceux établis par les lois en vigueur, est une infraction à l'article 479, n° 6, dudit code pénal.

Nota. Sont expressément compris dans cette classe, les instrumens non revêtus des marques prescrites *par un réglement administratif*, et qui *par ce fait* sont dépourvus de la seule preuve que les tribunaux puissent reconnaître de leur légalité.

Les articles précités dans les paragraphes ci-dessus seront applicables à partir du 1er janvier 1840, à tous ceux qui *auront* en *leur possession* ou qui *emploieront* des Poids, des Romaines et des Mesures *usuelles* métriques *non décimales*.

4°.

L'infraction aux réglemens de l'autorité administrative, en matière de Poids et Mesures, est prévue par l'article 471, n° 15, dudit code pénal.

Nota. Le défaut d'assortimens obligatoires, le refus d'obtempérer aux visites et vérifications prescrites, l'exposition en vente d'instrumens de pesage et de mesurage non poinçonnés, etc., etc., et généralement toutes les précautions générales et locales régulièrement ordonnées,

rentrent dans la classe des infractions qui ne sont pas spécialement prévues par les lois et les réglemens généraux
sur la matière.

5°.

Enfin devront être réprimés, conformément aux lois,
l'*exposition* en vente de Balances venues de l'étranger,
qui n'auraient pas été vérifiées et poinçonnées, la *contre-
façon* et *usage* des marques et poinçons du service des
Poids et Mesures, et l'*application et usage* de marques et
poinçons *vrais* ou *légaux*, par toutes autres personnes
que par les Vérificateurs ou leurs aides.

TABLEAU des divisions de l'ancienne Livre Poids de Marc.

25.

				1 denier.	24 grains.
			1 gros.	3	72
		1 once.	8	24	576
	1 marc.	8	64	192	4608
1 livre	2	16	128	384	9216

REDUCTION des onces, gros et grains en parties décimales de la Livre Poids de Marc.

EXEMPLE.

26. On demande ce que valent en parties décimales
de la livre poids de marc 5 onces, 4 gros, 60 grains?

. *Première Solution.* — Considérer que d'après le précé-
dent tableau, 5 onces reviennent à $\frac{5}{16}$, 4 gros à $\frac{4}{128}$, et
$\frac{60}{9216}$; il s'agit donc seulement d'effectuer les trois divisions indiquées de 5 par 16, de 4 par 128, et de 60 par

9216. Au moyen de ces divisions, on obtiendra approximativement.

Pour valeur décimale de 5 onces. . . . . .   o, 3125
Pour 4 gros. . . . .   o, 03125
Pour 60 grains.   o, 00651

Et pour valeur totale demandée. . . . . . $o^{liv.}$ 35026

c'est-à-dire trente-cinq mille vingt-six, cent-millièmes de livre susdite.

Deuxième Solution. — On réduira les onces et les gros en grains, et on trouvera,

Pour 5 onces, cinq fois 576 grains, ou. . . .   2880 grains.
Pour 4 gros, quatre fois 72 grains, ou. . . .   288
Et pour 60 grains.   60

Au total, le nombre complexe proposé, réduit en grains, deviendra.   3228

Ces grains, mis sous la forme de fraction numérique de la livre, et ainsi remmenés au cas précédent, donneront enfin $\frac{3228}{9216}$, et en parties décimales de la livre o,35026, même valeur que celle déjà obtenue.

Troisième Solution. — L'once étant $\frac{1}{16}$ de la livre, sa valeur décimale sera de. o,0625
La valeur du gros ou du $\frac{1}{128}$, sera de. o,0078125
La valeur du grain ou $\frac{1}{9216}$, sera de. o,0001085

En multipliant ces valeurs par 60 pour les grains, par 4 pour les gros, et par 5 pour les onces dont s'agit, on trouvera encore o,35026, précédent résultat.

REDUCTIONS des parties décimales de la Livre poids de marc, en onces, gros, grains, etc.

EXEMPLE.

27 On demande à combien revient la fraction décimale de la livre 0,35026, en onces, gros et grains ?

Première solution. — Mise sous la forme de fraction numérique, la fraction décimale proposée revient évidemment à $\frac{35026}{100000}$, nouvelle expression qui indique la division de 35026 par 100000.

En procédant à cette opération, à l'effet d'obtenir des onces, gros et grains, on trouvera les dividendes et les quotients partiels qui suivent :

1ᵉʳ dividende 35026   donnant au quotient zéro pour les livres.

2ᵉ   *Id.*   560416   produit de 35026 par 16, donnant au quotient 5 pour les onces.

3ᵉ   *Id.*   483528   produit du reste 60416 par 8, avec 4 au quotient pour les gros.

4ᵉ   *Id.*   5999616 produit du reste 83528 par 72, avec 59 au quotient pour les grains.

5ᵉ   *Id.*   996160   produit du reste 99616 par 10, avec 9 dixièmes de grains au quotient.

6ᵉ   *Id.*   961600   produit du dernier reste par 10, avec 9 centièmes de grains au quotient.

Par l'addition ou réunion des quotients partiels, on obtiendra enfin, pour valeur demandée, 0 livres, 5 onces, 4 gros, 60 grains, à moins d'un centième de grains près, résultat qui prouve l'exactitude de cette réduction et de celles du précédent numéro.

Deuxième Solution — La livre poids de marc étant égale à 9216 grains ,

Le cent millième de la livre, ou 0,00001 donnera en grains	0,06
Le dix millième — ou 0,0001 vaudra	0,92
Le millième — ou 0,001 vaudra	9,21
Le centième — ou 0,01 vaudra	92,16
Et le dixième — ou 0,1 vaudra	921,60

D'autre part , comme le nombre proposé revient, en le décomposant, à trois-dixièmes , 5 centièmes, 2 dix-millièmes et 6 cent millièmes, en multipliant les valeurs ci-dessus par 3, par 5 , par 2 et par 6, on obtiendra , par l'addition de ces produits et pour la valeur en grains de 0,35026 cent millièmes de livre, 3227 grains 98 centièmes de grains, qui, divisés par 9216, donneraient encore pour quotient 0 livres, 5 onces, 4 gros, 60 grains, à moins d'un centième de grains près.

Des rapports.

28. Quand on compare deux nombres *de même espèce*, pour savoir *combien l'un contient l'autre* , c'est un cas de division à effectuer.

Si donc on voulait rechercher combien 256 contient 32, il faudrait diviser 256 par 32, ou bien l'on indiquerait cette opération au moyen du signe conventionnel de la division, et on écrirait $\frac{256}{32}$.

En exécutant cette division, on obtiendrait 8 pour quotient qui marquerait que le nombre 256 contient huit fois 32.

Tel est donc le rapport qui existe entre 256 et 32, c'est que le plus grand de ces nombres contient l'autre huit fois, de sorte que $\frac{256}{32}$ ou 8 expriment le même nombre sous deux formes différentes.

En restant dans les bornes que comportent ces instructions, voilà ce qu'on peut dire de plus simple pour faire comprendre la signification du mot *rapport.*

Ainsi, le *rapport* de 256 à 32 est donc également, ou $\frac{256}{32}$, ou 8 ; à l'inverse, le *rapport* de 32 à 256 serait à son tour $\frac{32}{256}$, ou cent vingt-cinq millièmes qu'on doit écrire 0, 125, quotient de 32 divisé par 256.

29. On a vu (7) que le *kilogramme* pèse légalement 18827 grains 15 centièmes de grain, poids de marc, dit de *Charlemagne*, et que la *livre poids de marc* pèse 9216 de ces mêmes grains (25). Ces deux poids ainsi réduits à la même espèce, étant comparés entre eux pour savoir combien l'un contient l'autre, il résultera évidemment de cette comparaison et du numéro précédent, que le *rapport* du kilogramme à la livre est de $\frac{18827.15}{9216}$, ou bien approximativement 2,0428765191, quotient de la division du numérateur 18827,15 par le dénominateur 9216, ce qui indique que le kilogramme vaut, en livres de 16 onces poids de marc, 2^{l},0428765191.

A l'inverse, le *rapport* de ladite livre au kilogramme est de $\frac{9216}{18827.15}$, ou 0^{k},4895058466.

Par le même procédé, on trouverait facilement tous autres rapports de Poids et Mesures anciens.

30. Dans la recherche des *rapports,* qui, le plus souvent sont *incommensurables*, c'est-à-dire, qui n'existent pas en nombres ronds, on peut poursuivre l'approximation à volonté jusqu'à dix chiffres décimaux et au de-là, *mais quand on veut se servir* de ces *rapports*, pour abréger et pour simplifier les opérations, on peut encore supprimer un certain nombre de chiffres vers la droite, suivant le degré d'approximation qu'on désire obtenir; dans ce cas, il est d'usage

D'augmenter d'une unité le dernier des chiffres décimaux qu'on conserve, si le chiffre suivant supprimé est 5 ou au-dessus ; s'il est au-dessous de 5, de faire la suppression sans réserve.

D'après cette règle, dont il est facile de se rendre raison, le nombre décimal ou *rapport* 2,0428765191, réduit à quatre décimales, deviendrait 2,0429, tandis que; réduit à deux chiffres décimaux, il ne présenterait que 2,04.

Usage des Rapports.

31. Les *rapports* servent à deux fins; savoir : *à transformer* réciproquement *les Mesures et les Poids anciens en Mesures et Poids nouveaux métriques décimaux, et à déterminer le prix des uns quand on connaît le prix des autres de ces Mesures et Poids.*

EXEMPLES RELATIFS AU PREMIER CAS.

Supposons qu'on veuille savoir combien 25 livres poids de marc font en kilogrammes?

Il est évident que puisque la livre poids de marc vaut en kilogrammes 0^k,4895058466, les vingt-cinq livres devront revenir à vingt-cinq fois cette valeur ou *rapport*, multiplication dont le produit approximatif est de 12^k,24.

A l'inverse, pour réduire 25 kilogrammes en livres poids de marc, c'est le *rapport* du kilogramme à la livre 2,0428765191 qu'il faudrait multiplir par 25, ce qui donnerait pour valeur demandée 51^{liv},07.

En procédant avec le *rapport* de la livre au kilo, sous la forme de fraction numérique $\frac{9216}{18827,15}$, on trouverait le même résultat 12^k, 24, en multipliant le *numérateur* 9216 par 25, dont on diviserait le produit par le *dénominateur* 18827,15.

La réduction des 25 kilogrammes en livres s'obtiendrait également et donnerait 51^{liv},07 par la multiplication du rapport $\frac{18827,15}{9216}$ par 25, et par la division de ce produit par 9216.

Et enfin, pour trouver la valeur de 6 livres 5 onces 4 gros 60 grains en kilogrammes, il faudrait commencer par réduire les onces, gros et grains en parties décimales de la livre (26) ce qui donnerait à multiplier par 6,35 le rapport susdit 0,4895.

32. A raison de 25 fr. la livre poids de marc, combien doit-on payer le kilogramme de certaine marchandise?

Solution. — On sait, au moins par la pratique et l'usage, que si une livre de marchandise coûte 25 fr., il faut répéter cette valeur, cinq, six fois, pour avoir le montant de cinq ou de six livres ; dans le cas proposé, il faudra donc multiplier 25 fr. par 2,0428765191, valeur du kilogramme en livres susdites, et comme dans les multiplications des nombres entiers ou des nombres décimaux on peut, sans inconvénient, renverser les termes ou facteurs, pourvu qu'on ne perde pas de vue la qualité du produit, dans l'espèce et pour plus de commodité, c'est le rapport abrégé 2,0429 qu'on aura à multiplier par 25, opération qui donnera pour résultat 51,07, exprimant 51 fr. 7 c., tandis que le même produit obtenu dans le précédent numéro représentait 51 livres 7 centièmes poids de marc, pour valeur de 25 kilogrammes. Ce rapprochement peut servir à démontrer que tout produit est de la nature du multiplicande, et qu'une table de réduction de kilos en livres peut également servir de tarif pour avoir le prix du kilo au moyen du prix connu de la livre (46).

Par analogie, et pour calculer le prix de la livre d'après le prix connu du kilogramme, c'est le rapport abrégé 0,4895 de la livre au kilo, qu'il faudrait multiplier par ce dernier prix.

Ainsi, par exemple, à raison de 12 fr. le kilo de certain article, on aurait pour valeur de la livre poids de marc 0,4895 multiplié par 12, ou 5 fr. 87 c. et comme la table de réduction (45) de livres en kilos donne également 5,87 pour valeur de 12 livres en kilos, cette table peut donc être employée pour trouver le montant de la livre d'une marchandise en denrée, d'après celui du kilogramme.

33. En résumé, on devra se souvenir 1° que pour déterminer les *rapports* des Mesures et Poids anciens aux Mesures et Poids métriques décimaux, il faut commencer par les réduire en unités de même nature, puis les diviser les uns par les autres ;

2° Que par exemple, la livre poids de marc vaut un peu au-dessous de moitié moins que le kilogramme, et que pour réduire ces livres en kilogrammes, c'est le rapport 0,4895058466 qu'il faut multiplier par le nombre proposé ;

3° Que le kilogramme à son tour vaut un peu plus du double de la livre poids de marc, et que c'est le rapport 2,0428765191 qu'il faut multiplier pour réduire des kilos en livres ;

4° Que pour avoir le prix de la livre d'après le prix du kilogramme, on devra multiplier par ce prix le rapport abrégé 0,4895 ;

5° Et enfin, on se rappellera que pour trouver le prix du kilogramme, connaissant celui de la livre de certaine marchandise, c'est le rapport 2,043 qu'il faut multiplier par le prix connu.

POIDS

AUTREFOIS EN USAGE

DANS

LES DIVERSES COMMUNES DU DÉPARTEMENT DU CANTAL,

Avec leurs rapports en Poids métriques décimaux, et réciproquement.

---

34. *Quintal de* 112 *livres et demi de* 18 *onces* était en usage dans les communes du canton d'Allanche.

Pour déterminer le *rapport* de ce quintal avec le quintal métrique, on doit considérer que le rapport de la livre de 18 onces à la livre de 16 onces est de $\frac{18}{16}$, ou 1,125.

Multipliant donc les 112$_{liv}$, 50 par 1,125, on trouvera pour équivalent du quintal d'Allanche, en livres de 16 onces poids de marc, 126^{liv},5625, et le quintal métrique à son tour étant égal en dites livres à 204,28765191.

Le rapport du quintal d'Allanche au quintal métrique sera par conséquent égal à $\frac{126,5625}{204,28765191}$, division qui donne approximativement 0,61953083.

A l'inverse, on aurait pour *rapport du quintal métrique* au quintal d'Allanche $\frac{204,28765191}{126,5625}$, ou 1,61412465.

Le quintal d'Allanche vaut donc en
quintaux métriques.................. 0^q,71953083
Et le quintal métrique en quintaux
d'Allanche........................... 1,61412465

C'est en raisonnant et en procédant d'une manière analogue que les rapports suivans ont été calculés.

35. *Quintal de* 110 *livres poids de marc en quintaux métriques* $\frac{110}{204,28765191}$, ou 0^q,538457.

Quintal métrique en dits quintaux $\frac{204,28765191}{110}$, ou 1,857116.

Etait en usage pour la vente des beurres et fromages dans les communes de Bredons, Celles, Chavanhac, Murat, Chalinargues, La Chapelle-Alagnon, Chastel-sur-Murat, Moissac, Laveyssenet et Virargues.

36. *Quintal de* 108 *livres en quintaux métriques* $\frac{108}{204,28765191}$, ou 0,528666.

Quintal métrique en quintaux susdits $\frac{204,28765191}{108}$, ou 1,89155.

Etait en usage pour la vente des beurres et fromages dans les communes de Dienne et de Cheylade.

37. *Quintal de* 104 *livres en quintaux métriques* $\frac{104}{204,28765191}$, ou 0,509086.

Quintal métrique en quintaux susdits $\frac{204,28763191}{104}$, ou 1,96434.

Etait en usage dans les communes du canton de Saint-Flour et dans celles de Cezens, Oradour et Gourdièges, du canton de Pierrefort.

38. *La livre de* 18 *onces poids de marc*
vaut en grains......................... 10368
Le kilogramme vaut aussi en grains..... 18827,15
Par conséquent, le *rapport* de cette livre au kilogramme est de $\frac{10368}{18827,15}$, division qui donne approximativement

pour *rapport* ou valeur de la livre en kilo 0,55069407744, et pour rapport du kilo à ladite livre on a $\frac{18827,15}{10368}$, ou $1^k,81589023919$.

Cette livre était employée pour la vente de la cire dans les communes de Maurs, Saint-Etienne, Leinhac, Fournoulès, Mourjou, Parlan, Quézac, Roziers, Saint-Santin et Le Trioulou.

TABLE de Réduction de la Livre de 18 onces en Kilogrammes, et réciproquement.

Livres.	Kilogrammes.	Livres.	Kilogrammes.	Kilos.	Livres.	Kilos.	Livres.
1	0,550694	10	5,50694	1	1,815890	10	18,15890
2	1,101388	20	11,01388	2	3,631780	20	36,31780
3	1,652082	30	16,52082	3	5,447670	30	54,47670
4	2,202776	40	22,02776	4	7,263560	40	72,63560
5	2,753470	50	27,53470	5	9,079450	50	90,79450
6	3,314164	60	33,14164	6	10,895340	60	108,95340
7	3,854858	70	38,54858	7	12,711230	70	127,11230
8	4,405552	80	44,05552	8	14,527120	80	145,27120
9	4,956246	90	46,56246	9	16,343010	90	163,43010

39. *Livre de 14 onces* vaut en grains anciens   8064

Le kilogramme vaut en grains anciens..... 18827,15

Le *rapport* de la livre au kilo sera donc de $\frac{8064}{18827,15}$, ou 0,428317615825.

Le *rapport* du kilogramme à la la *livre* de 14 onces sera de $\frac{18827,15}{8064}$, ou 2,334716021825.

6

TABLE de Réduction de la livre de 14 onces en Kilogrammes, et réciproquement.

Livres.	Kilogrammes.	Livres.	Kilogrammes.	Kilogr.	Livres.	Kilogr.	Livres.
1	0,42831	10	4,2831	1	2,334716	10	23,34716
2	0,85664	20	8,5664	2	4,669432	20	46,69432
3	1,28496	30	12,8496	3	7,004148	30	70,04148
4	1,71328	40	17,1328	4	9,338864	40	93,38864
5	2,14160	50	21,4160	5	11,673580	50	116,73580
6	2,56992	60	25,6992	6	14,008296	60	140,08296
7	2,99824	70	29,9824	7	16,343012	70	163,43012
8	3,42656	80	34,2656	8	18,677728	80	186,77728
9	3,85488	90	38,5488	9	21,012444	90	210,12444

Ladite livre de 14 onces était en usage dans le canton de Chaudesaigues.

40. *Livre de* 13 *onces* 2 *gros* 48 *grains* vaut
en grains. 7680
Et le kilogramme aussi en grains anciens... 18827,15

Le *rapport de cette livre* au kilogramme sera donc
de $\frac{7680}{18827,15}$, ou 0,4079215388, et celui du kilogramme
à ladite livre, de $\frac{18827,15}{7680}$, ou 2,4514518229.

Cette livre était en usage à Montsalvy, Cassaniouze, Calvinet, Labesserette, Lacapelle-del-Fraisse, Lacapelle-en-Vezie, Ladinhac, Leucamp, Sansac-Veinazès, Senezergues, Vieillevie, Lavastrie, Neuvéglise, Pierrefort, Brezons, Lacapelle-Barrès, Malbo, Narnhac, Paulhenc, Saint-Martin, et Sainte-Marie.

TABLE de Réduction de la Livre dite de Montpellier, **en Kilogrammes, et** vice versa.

Livres.	Kilogrammes.	Livres.	Kilogramm.	Kilos.	Livres.	Kilogr.	Livres.
1	0,4079215	10	4,079215	1	2,4514518	10	24,5145i8
2	0,8158430	20	8,158430	2	4,9029036	20	49,029036
3	1,2237945	30	12,237645	3	7,3543554	30	73,543554
4	1,6316860	40	16,316860	4	9,8058072	40	98,058072
5	2,8396075	50	20,396075	5	12,2572590	50	122,572590
6	2,4475290	60	24,475290	6	14,7087108	60	147,087108
7	2,8554505	70	28,554505	7	17,1601626	70	171,601626
8	3,2633720	80	32,633720	8	19,6116244	80	196,116144
9	3,6712935	90	36,712935	9	22,0630662	90	220,630662

41. *Livre de* 12 *onces* vaut en grains anciens   6912

Le kilogramme vaut aussi en grains anciens   18827,15

Le *rapport* de la livre au kilo sera donc de $\frac{6912}{18827,15}$, ou o^k,3671293849.

Le *rapport* du kilo à la livre sera de $\frac{18827,15}{6912}$, ou 2,7238353587g5.

Cette livre était en usage dans les communes du canton de Champs, et dans les communes de Bournoncles, Chaliers, Faverolles, Lorcières, Saint-Just, Saint-Mary et Soulages du canton de Ruines.

TABLE de Réduction de la Livre de 12 onces en Kilogrammes, et vice versa.

Livres.	Kilogrammes	Livres	Kilogrammes.	Kilogs.	Livres.	Kilogr.	Livres.
1	0,36712938	10	3,67129 38	1	2,723835358	10	27,23835358
2	0,73425876	20	7,3425876	2	5,447670716	20	54,47670716
3	1,10138814	30	11,0138814	3	8,171506074	30	81,71506074
4	1,46851752	40	14,6851752	4	10,895341432	40	108,95341432
5	1,83564690	50	18,3564690	5	13,619176790	50	136,19176790
6	2,20277628	60	22,0277628	6	16,343012148	60	163,43012148
7	2,56990566	70	25,6990566	7	19,066847506	70	190,66847506
8	2,93703504	80	29,3703504	8	21,790682864	80	217,90682864
9	3,30416442	90	33,0416442	9	24,514518222	90	245,14518222

RAPPORTS en nombres ronds.

42. Dans plusieurs circonstances, on peut se trouver dans le cas d'avoir à réduire ou à transformer approximativement la livre de 16 onces poids de marc, généralement connue, et jadis en usage dans les diverses communes de notre département, en *poids métriques décimaux*, sans avoir sous la main le secours des tables de réduction; il nous a donc paru utile et commode de reproduire ici quelques valeurs ou *rapports* extraits de nos tables ci-après, presque rigoureusement exacts et faciles à conserver dans la mémoire, au moyen desquels on pourra faire avec facilité plusieurs de ces réductions.

Ces mêmes valeurs donneront encore une idée suffisante des nouveaux poids comparés aux anciens, à ceux des lecteurs qui n'auraient ni le goût, ni le loisir d'étudier le système à fond.

100 *kilos*, ou *quintal nouveau* revient à..... 204[livres].
49 *kilos* font un quintal ancien ou......... 100
24 *kilogrammes* reviennent à............. 49
1 *kilogramme* est à peu près égal à....... 1
Le *demi-kilo* ou 5 hectogrammes égalent.... 2
3 *décagrammes* équivalent à.............. 1[once]
4 *grammes* donnent ci.................. 1[gros]
1 *gramme* est égal à................... 19[grains]
1 *décigramme* vaut ci................... 2[grains]
5 *centigrammes* donnent enfin............ 1[grain]

43. Ne dit-on pas aujourd'hui assez généralement : 9 francs 25 centimes, 17 francs 50 centimes, 45 francs 75 centimes ; puis encore douze cents francs, quinze cents francs, et autres semblables énonciations ou locutions ; de même pour le commerce de demi-gros, il nous paraîtrait désirable que l'on contractât l'habitude de dire et même d'écrire par analogie : 12 cents, 15 cents kilos, 150 kilos, 3 kilos 25 centièmes, 6 kilos 50, 12 kilos 75, sachant du reste que les centièmes de kilogrammes sont des décagrammes et des dixaines de décagrammes ou hectogrammes.

Dans la table qui suit, on trouvera la réduction des centièmes de kilos en livres, onces, gros et grains poids de marc, depuis un centième jusqu'au kilo inclusivement.

TABLE de Réduction *des centièmes de* **Kilogramme** *, en livres, onces, gros et grains anciens Poids de marc.*

CENTIÈMES	LIVRES.				CENTIÈMES.	LIVRES.			
0,01	0 liv.	0 onc.	2 gros.	44 gra.	0,23	0 liv.	7 onc.	4 gros.	10 gra.
0,02	0	0	5	17	0,24	0	7	6	55
0,03	0	0	7	61	0,25	0	8	1	27
0,04	0	1	2	53	0,26	0	8	3	71
0,05	0	1	5	5	0,27	0	8	6	43
0,06	0	1	7	50	0,28	0	9	1	16
0,07	0	2	2	22	0,29	0	9	3	60
0,08	0	2	4	66	0,30	0	9	6	32
0,09	0	2	7	58	0,31	0	10	1	4
0,10	0	3	2	11	0,32	0	10	3	49
0,11	0	3	4	55	0,33	0	10	6	21
0,12	0	3	7	27	0,34	0	11	0	65
0,13	0	4	2	0	0,35	0	11	3	38
0,14	0	4	4	44	0,36	0	11	6	10
0,15	0	4	7	16	0,37	0	12	0	54
0,16	0	5	1	60	0,38	0	12	3	26
0,17	0	5	4	33	0,39	0	12	5	71
0,18	0	5	7	5	0,40	0	13	0	42
0,19	0	6	1	49	0,41	0	13	3	15
0,20	0	6	4	21	0,42	0	13	5	59
0,21	0	6	6	66	0,43	0	14	0	32
0,22	0	7	1	38	0,44	0	14	3	4

Suite de la **Table de Réduction**.

CENTIÈMES.	LIVRES.			
0,45	0 liv.	14 onc.	5 gros.	48 grai.
0,46	0	15	0	20
0,47	0	15	2	65
0,48	0	15	5	37
0,49	1	0	0	9
0,50	1	0	2	54
0,51	1	0	5	26
0,52	1	0	7	70
0,53	1	1	2	42
0,54	1	1	5	15
0,55	1	1	7	59
0,56	1	2	2	31
0,57	1	2	5	5
0,58	1	2	7	48
0,59	1	3	2	20
0,60	1	3	4	64
0,61	1	3	7	37
0,62	1	4	2	9
0,63	1	4	4	53
0,64	1	4	7	25
0,65	1	5	1	70
0,66	1	5	4	42
0,67	1	5	7	14

CENTIÈMES.	LIVRES.			
0,68	1 liv.	6 onc.	1 gros.	58 grai.
0,69	1	6	4	31
0,70	1	6	7	3
0,71	1	7	1	47
0,72	1	7	4	20
0,73	1	7	6	64
0,74	1	8	1	36
0,75	1	8	4	8
0,76	1	8	6	53
0,77	1	9	1	25
0,78	1	9	3	69
0,79	1	9	6	41
0,80	1	10	1	14
0,81	1	10	3	58
0,82	1	10	6	30
0,83	1	11	1	3
0,84	1	11	3	47
0,85	1	11	6	19
0,86	1	12	0	63
0,87	1	12	3	36
0,88	1	12	6	8
0,89	1	13	0	52
0,90	1	13	3	24

Suite de la **Table de Réduction.**

CENTIÈMES.	LIVRES.				CENTIÈMES.	. LIVRES.			
0,91	1 liv.	13 onc.	5 gros.	69 grai.	0,96	1 liv.	15 ouc.	3 gros.	2 grai.
0,92	1	14	0	41	0,97	1	15	5	46
0,93	1	14	3	13	0,98	2	0	0	19
0,94	1	14	5	58	0,99	2	0	2	63
0,95	1	15	0	30	1,00	2	0	5	35

INSTRUCTIONS relatives aux Réductions réciproques de la Livre de 16 onces poids de marc et du Kilogramme, avec Tables à la suite.

44. Le numéro 31 a été déjà consacré à démontrer certains usages qu'on peut faire des *Rapports* ; plus spécialement ils ont été employés pour la construction des tables suivantes.

Ainsi qu'on l'a précédemment vu, ladite livre de 16 onces vaut, en kilogrammes, 1,4895058466, résultat de la division de 9216 par 18827,15, le kilogramme vaut en dites livres 2,0428765191, quotient approximatif à moins d'un dix billionnième près, de la division de 18827,15 par 9216. C'est donc en multipliant successivement ces valeurs par 2, par 3, etc. que ces tables ont été composées ; leur usage exige peu d'application d'esprit, puis qu'il se borne toujours à des recherches aisées, au mouvement de la virgule décimale, et à de simples additions.

On peut voir d'un coup d'œil que ces tables de conversion présentent directement dans les secondes colonnes, la valeur des livres en kilogrammes et des kilos en livres, de sorte que pour 3 livres, 70 livres ; elles donnent abréviativement en kilogrammes 1,468 et 34,265 ; et pour valeur en livres de 9, de 50 kilos ; 18 livres 386 millièmes, et 102 livres 144 millièmes.

Quant à la réduction de nombres non compris dans les premières colonnes, on devra décomposer ces nombres en leurs unités, dixaines, centaines, etc., dixièmes, centièmes, etc. Ainsi réduits, on cherchera leurs valeurs partielles qu'on additionnera ensuite. Si l'exemple qui suit est bien compris, il suffira seul pour résoudre, sans embarras, toutes les questions analogues.

On demande ce que valent, en livres de 16 onces poids de marc, 325 kilos 67 centièmes ?

Solution. — Pour trouver la valeur demandée, on formera et on additionnera le bulletin suivant :

1º Pour 7 kilos on a sur la table 14,300 ; pour 7 centièmes on aura donc, en avançant la virgule de deux places vers la gauche...................... 0, 14300

2º Pour 6 kilos on aurait 12,2572 ; pour 6 dixièmes on aura........................ 1, 22572

3º Pour 5 kilos on aura directement.......... 10, 21438

4º Pour 20 kilos on aura.................... 40, 85753

5º Enfin pour 30 kilos on aurait 61,286295 ; pour 300 on aura donc.................. 612, 86295

Ces valeurs ajoutées donneront donc pour 325ᵏ,67. 665ˡⁱᵛ·3 ᵈⁱˣⁱᵉᵐ·

Si pour troisième cas on avait à convertir en kilogrammes 342 livres 4 onces 7 gros, il faudrait commencer par réduire les onces et les gros en parties décimales de la livre (26), et on aurait à traduire en kilogrammes

342 livres 304 millièmes ; la question ainsi remmenée au cas précédent, on trouverait sans difficulté,

1° Pour 300 livres. 146,8517

2° Pour 40 livres. 19,5802

3° Pour 2 livres. 0,9790

4° Pour 3 dixièmes égaux à 300 millièmes. 0,1468

5° Pour 4 millièmes. 0,0019

6° Et enfin au total, pour valeur cherchée. 167,5596

Résultat égal à 167 kilos 5 hecto 5 déca 9 grammes 6 décigrammes, ou simplement revenant à 167 kilos 56 centièmes. On obtiendrait à très-peu près le même résultat par la multiplication du rapport 0,4895058 par 342,304.

En reprenant ces deux derniers exemples, et sans le secours des tables, on aurait les mêmes résultats par les deux procédés que voici : le premier consistant en la *multiplication* des *rapports* par les nombres à réduire ; et le deuxième, en la réduction en grains du nombre pondérique à transformer, et en *la division* de ces grains, par la valeur aussi en grains de l'unité des poids qu'on veut avoir. De sorte que,

Pour réduire 325 kilos 67 centièmes en livres de 16 onces par le premier procédé, ainsi qu'il a été expliqué (31), on aurait à *multiplier* le rapport du kilo à la livre 2,0428765191 par 325,67, opération qui donne pour produit les 665 livres 3 dixièmes, déjà trouvées au moyen de la table.

Et pour obtenir par le deuxième procédé la valeur de

42 livres 4 onces 7 gros en kilogrammes, on débuterait par réduire ce nombre en grains, ce qui donnerait,

1° Pour 7 gros, 7 fois 72 grains, ou.............. 504

2° Pour 4 onces, 4 fois 576, ou................. 2304

3° Pour 342 livres, 342 fois 9216, ou............. 3151878

4° Enfin on aurait pour total en grains........... 3154680

Et comme le kilogramme vaut à son tour 18827 grains 15 centièmes, le nombre à réduire donnerait évidemment autant de kilogrammes qu'il contiendrait de fois 18827,15, cas de *division* qui donne pour quotient 167 kilos 56 centièmes, même résultat que celui ci-devant obtenu.

TABLE de Réduction de la Livre de 16 onces, en Kilogrammes, et du Kilo en dites Livres.

Livres.	Kilogrammes.	Livr.	Kilogrammes.	Kilogr.	Livres.	Kilog.	Livres.
1	0,4895058466	10	4,895058466	1	2,0428765191	10	20,428765194
2	0,9790116932	20	9,790116932	2	4,0857530382	20	40,857530382
3	1,4685175398	30	14,685175398	3	6,1286295573	30	61,286295573
4	1,9580233864	40	19,680233864	4	8,1715060764	40	81,715060764
5	2,4475292330	50	24,475292330	5	10,2143825955	50	102,143825955
6	2,9370350796	60	29,370350796	6	12,2572591146	60	122,572591146
7	3,4285409262	70	34,265409262	7	14,3001356337	70	143,001356337
8	3,9160467728	80	39,160467728	8	16,3430121528	80	163,430121528
9	4,4055526194	90	44,055526194	9	18,3858886719	90	183,858886719

INSTRUCTIONS pour l'usage de la Table de Réduction et Tarif ci-après.

45. C'est pour les usages les plus ordinaires, et pour éviter quelque perte de temps à ceux qui sont les moins exercés, que la table suivante a été construite; peu différente de la précédente, elle donne directement toutes les réductions de la livre de 16 onces poids de marc en kilogrammes et grammes, de 1 à 100; elle convient donc plus particulièrement pour le menu détail des épiceries et denrées.

Ainsi, au moyen de cette table, pour quatre livres, on a d'un coup-d'œil 1 kilo 958 grammes; pour douze livres, 5 kilos 874 grammes; pour trente-cinq livres, 17 kilos 132 grammes; pour soixante-dix-huit livres, 38 kilos 181 grammes, et pour cent livres, 48 kilos 950 grammes.

Pour 145 livres, on prendrait pour 100 et pour 45 livres, et par l'addition de ces deux valeurs on aurait 70 kilos 978 grammes, ainsi des autres nombres analogues, jusqu'à 200 livres.

Le mouvement de la virgule décimale vers *la droite* donnant lieu à la perte des grammes, on devra s'abstenir de l'usage de cette table pour la réduction des nombres qui exigeraient ce déplacement; mais elle convient très-bien pour déterminer la valeur des dixièmes et centièmes, même des millièmes de la livre, au moyen de l'avancement de cette virgule vers la *gauche*, d'une, deux et trois places; il s'ensuit que l'on trouverait ainsi, assez facilement :

Pour 3 dixièmes de livre, 0 kil, 146 grammes 8 décigrammes;
Pour 5 centièmes, 0,05, 0 kil. 24 grammes 47 centigrammes;
Et pour 8 millièmes, ou 0,008, 0 kil. 3 grammes 916 milligram.

Il faut encore comprendre que toute la table donne directement la réduction des centièmes de la livre de 1 à 99, par l'avancement constant de la virgule de deux places, ce qui donne des résultats à cinq chiffres décimaux, ou exprimant des grammes et des centigrammes; de sorte que,

- Pour 2 centièmes ou 0,02 , on a 0 kil. 9 gram. 79 centigr.
- Pour 9 centièmes ou 0,09, on a 0 kil. 44 gram. 05 centigram.
- Pour 0,54 centièmes, on a..... 0 kil. 264 gram. 33 centigr.
- Et pour 0,88 centièmes de livre, 0 kil. 430 gram. 76 centigr.

Il est à propos de rappeler ici que le renversement des termes d'une multiplication de nombres entiers ou décimaux n'opère aucun changement dans les chiffres du produit ; que, par conséquent et par exemple, le rapport 0,48950 multiplié par 2, 3, 4, 5, etc. donne des produits égaux à ceux de la multiplication de 2, 3, 4, 5, etc., par 0,48950.

Que de plus, les multiplicandes et les produits sont toujours composés d'unités de même qualité ; qu'ils dépendent de la nature de la question qu'il ne faut jamais perdre de vue.

Cela posé, il faut également bien comprendre,

Que puisque une livre poids de marc vaut un peu moins d'un demi-kilogramme, ou 0,48950, deux livres, trois livres vaudront deux fois, trois fois cette valeur, c'est-à-dire, le produit de 0,48950, multiplié par 2, par 3, etc.

Et que si, par exemple d'autre part, certaines denrées coûtent à raison de 2, de 3, de 4 ou de 5 francs le kilogramme, la livre devra valoir un peu moins que la moitié de ces prix, c'est-à-dire, 2, 3, 4 et 5 francs multipliés par le rapport 0,48950.

Or, la table suivante, qui présente, d'après sa construction, les produits de 0,48950 par 2, par 3, etc., jusqu'à 100, pouvant également exprimer les produits de 2 fr., de 3 fr., etc. jusqu'à 100, multipliés par 0,48950, il s'en suit, assez clairement, que si l'on fait représenter fictivement à la première colonne des francs ou des centimes, prix ou montant du kilogramme de certaines marchandises, la seconde colonne exprimera les prix ou valeurs de la livre des mêmes articles; elle peut donc servir à deux fins, de sorte qu'on aura diversement, avec les mêmes chiffres,

Pour valeur de 19 livres poids de marc, 9 kilogr. 30 centièmes.
Et pour prix de la livre, à raison de 19 fr. le kil., 9 fr. 30 cent.
De même à 0 fr. 15 c. le kil., elle donnerait, pour prix de la livre, 0,07 centimes, plus une fraction de centime à peu près nulle.
Enfin, à raison de 9 f. 50 c. le kilo, pour avoir le prix de la livre, il faudrait prendre, pour 9 fr. . . . . 4 f. 40 c.
Et pour 50 c. 0   24

Ce qui donnerait pour prix cherché. . . . . 4 f. 64 c.

Il est à présumer qu'un grand nombre de consommateurs continueront encore, pendant quelque temps, à formuler toutes demandes en livres et onces anciennes; dans ce cas, la table suivante sera encore très-bonne à consulter par le marchand qui est forcé d'employer des poids métriques décimaux, puisqu'il y verra d'un coup d'œil, les poids à mettre dans le bassin de la balance, pour contenter la pratique; ainsi, par exemple, pour expédier 15 livres poids de marc de marchandise, il faudra, suivant la table, mettre dans le plateau 7 kilogrammes, 3 hectogrammes, 4 décagrammes, 2 grammes, faisant lesdits poids 7 kilos 342 millièmes de kilo.

Pour 3 livres, la table donne $1^k,468$; pour trois dixièmes de livre, on aurait donc $0^k,1468$, valeur qui revient sans difficulté à 1 hectogramme 4 déca 6 grammes 8 décigrammes, qu'il faudrait mettre sur le plateau de la balance.

Enfin, et pour 48 livres, on devrait employer $23,^k496$, c'est-à-dire, 2 myriagrammes 3 kilos 4 hecto 9 déca 6 grammes, ainsi de tous autres nombres.

TABLEAU de Réduction

Des Livres poids de marc, en kilogrammes, et Tarif du prix de la livre, d'après celui du kilo.

LIVRES Poids de marc	En Kilogrammes.	LIVRES Poids de marc.	En Kilogrammes.	LIVRES Poids de marc.	En Kilogrammes.
1	0,489	18	8,811	35	17,132
2	0,979	19	9,300	36	17,622
3	1,468	20	9,790	37	18,111
4	1,958	21	10,279	38	18,601
5	2,447	22	10,769	39	19,090
6	2,937	23	11,258	40	19,580
7	3,426	24	11,748	41	20,069
8	3,916	25	12,237	42	20,559
9	4,405	26	12,727	43	21,049
10	4,895	27	13,216	44	21,538
11	5,384	28	13,706	45	22,028
12	5,874	29	14,195	46	22,517
13	6,363	30	14,685	47	23,007
14	6,853	31	15,174	48	23,496
15	7,342	32	15,664	49	23,988
16	7,832	33	16,153	50	24,475
17	8,321	34	16,643	51	24,965

Suite du **Tableau de Réduction**, *etc.*

LIVRES Poids de marc	En Kilogrammes.	LIVRES Poids de marc.	En Kilogrammes.	LIVRES Poids de marc.	En Kilogrammes
52	25,454	66	32,507	80	39,160
53	25,944	67	32,797	81	39,650
54	26,433	68	33,286	82	40,139
55	26,923	69	33,776	83	40,629
56	27,412	70	34,265	84	41,118
57	27,902	71	34,755	85	41,608
58	28,391	72	35,244	86	42,097
59	28,881	73	35,734	87	42,587
60	29,370	74	36,223	88	43,076
61	29,860	75	36,713	89	43,566
62	30,349	76	37,202	90	44,055
63	30,839	77	37,692		
64	31,328	78	38,181	100	48,950
65	31,818	79	38,671		

INSTRUCTIONS relatives à la Table de réduction de kilos en livres poids de marc, et parties décimales.

46. On peut facilement appliquer, par analogie, à la table suivante, les instructions de la précédente table n° 45. Quelques exemples particuliers suffiront du reste pour en donner une parfaite intelligence.

Pour 17 kilogrammes, la table donne directement 34 livres 729 millièmes ; pour 6 kilos, on aurait 12,257 ; pour 6 hectogrammes, on aura donc $1^l,2257$; pour 85 kilos, on aurait 173,644 ; pour 850 kilos, on aurait par conséquent 1736,44.

Pour réduire 105 kilos 8 hecto 6 déca, on pourrait former et additionner le bulletin suivant :

Pour 100 kilogrammes , on a directement....... 204,287
Pour 5 kilos. 10,214
8 *kilos donneraient* 16,343 ; pour 8 hecto on aura.. 1,6343
6 *kilos reviennent à* 12,257 ; pour 7 déca on aura... 0,12257

Au total on aura, pour réduction cherchée..... 216ˡ,25787

Pour apprécier en grains, gros et onces , les 25 mille 787 cent millièmes de la livre, on pourra consulter le n° 27. On obtiendrait encore la réduction de cette fraction décimale de la livre, en considérant que puisqu'un cent millième vaut, en grains, 0,09216, ladite fraction vaudra, par conséquent, le produit de cette valeur multipliée par 25787.

On pourra se servir de la table suivante, comme tarif donnant le prix du kilogramme d'après celui de la livre, si l'on considère les premières colonnes comme indiquant ce dernier prix ; c'est ainsi , par exemple , qu'à raison de 15 sous la livre, la table donnerait, pour prix du kilo, 30 sous, six dixièmes de sou.

A 27 c. la livre, le kilo reviendrait à 55 c., à très-peu près; de même, à 41 fr. le quintal ancien, le quintal métrique de certaine marchandise reviendrait à 83 f. 75 c.

Enfin, à raison de 62 fr. 85 c. la livre d'une chose, le kilogramme reviendrait pour 62 fr........ 126ˡ,65ᶜ
Pour 85 fr. on aurait 173 fr., et pour 85 c.,
173 c., ou.................................... 1,73

Au total................... 128ˡ,38ᶜ

On trouverait le même résultat en multipliant 62 f. 85 par 2,0428, ainsi qu'il a été ci-devant démontré.

46. ## TABLE de Réduction

De Kilogrammes en Livres poids de marc, et Tarif donnant le prix du Kilogramme d'après celui de la Livre.

Kilogram.	LIVRES Et parties décimales.	Kilogram.	LIVRES Et parties décimal.	Kilogram.	LIVRES Et parties décim.
1	2,0428765191	32	65,572	63	128,701
2	4,085	33	67,415	64	130,744
3	6,128	34	69,458	65	132,787
4	8,172	35	71,501	66	134,830
5	10,214	36	73,544	67	136,873
6	12,257	37	75,586	68	138,916
7	14,300	38	77,629	69	140,958
8	16,343	39	79,672	70	143,001
9	18,386	40	81,715	71	143,044
10	20,429	41	83,758	72	147,087
11	22,472	42	85,801	73	149,130
12	24,515	43	87,844	74	151,173
13	26,557	44	89,887	75	153,216
14	28,600	45	91,929	76	155,259
15	30,643	46	93,972	77	157,301
16	32,686	47	96,015	78	159,344
17	34,729	48	98,058	79	161,387
18	36,772	49	100,101	80	163,430
19	38,815	50	102,144	81	165,473
20	40,858	51	104,187	82	167,516
21	42,900	52	106,230	83	169,559
22	44,943	53	108,272	84	171,602
23	46,986	54	110,315	85	173,644
24	49,029	55	112,358	86	175,687
25	51,072	56	114,401	87	177,730
26	53,115	57	116,444	88	179,773
27	55,158	58	118,487	89	181,816
28	57,201	59	120,530	90	183,859
29	59,243	60	122,573		
30	61,286	61	124,615	100	204,287
31	63,329	62	126,658		

47. **TABLE des Kilogrammes**

En Livres poids de marc, onces, gros et grains.

Kilos.	LIVRES.				Kilos.	LIVRES.				Kilos.	LIVRES.			
	liv.	onc.	gr.	gr.		liv.	onc.	gr.	gr.		liv.	onc.	gr.	gr.
1	2	0	5	55	31	63	5	2	10	61	124	9	6	56
2	4	0	2	70	32	65	5	7	45	62	126	10	4	19
3	6	2	0	33	33	67	6	5	8	63	128	11	1	54
4	8	2	5	69	34	69	7	2	43	64	130	11	7	18
5	10	3	3	32	35	72	8	0	6	65	132	12	4	55
6	12	4	0	67	36	73	8	5	41	66	154	13	2	16
7	14	4	6	30	37	75	9	5	5	67	156	15	7	51
8	16	5	3	65	38	77	10	0	40	68	138	14	5	14
9	18	6	1	28	39	79	10	6	3	69	140	15	2	49
10	20	6	6	64	**40**	81	11	3	58	**70**	143	0	0	13
11	22	7	4	27	41	83	12	1	1	71	145	0	5	48
12	24	8	1	62	42	85	12	6	36	72	147	1	3	11
13	26	8	7	25	43	87	13	3	71	73	149	2	0	46
14	28	9	4	60	44	89	14	1	35	74	151	2	6	9
15	30	10	2	23	45	91	14	6	70	75	153	3	3	44
16	32	10	7	58	46	93	15	4	33	76	155	4	1	7
17	34	11	5	22	47	96	0	1	68	77	157	4	6	43
18	36	12	2	57	48	98	0	7	31	78	159	5	4	6
19	38	13	0	20	49	100	1	4	66	79	161	6	1	41
20	40	13	5	55	**50**	102	2	2	30	**80**	163	6	7	4
21	42	14	3	18	51	104	2	7	65	81	165	7	4	39
22	44	15	0	53	52	106	3	5	28	82	167	8	2	2
23	46	15	6	16	53	108	4	2	65	83	169	8	7	37
24	49	0	5	52	54	110	5	0	26	84	171	9	5	1
25	51	1	1	15	55	112	5	5	61	85	173	10	2	36
26	53	1	6	50	56	114	6	3	24	86	175	10	7	71
27	55	2	4	13	57	116	7	0	60	87	177	11	5	34
28	57	3	1	48	58	118	7	6	23	88	179	12	2	69
29	59	3	7	11	59	120	8	3	58	89	181	13	0	32
30	61	4	4	47	**60**	122	9	1	21	**90**	183	13	5	68

Suite de la **Table des Kilogrammes en livres**.

KILOS.	LIVRES.				HECTO.	LIVRES.			
	liv.	onc.	gr.	gr.		liv.	onc.	gros.	gr.
91	185	14	3	31	1	0	3	2	11
92	187	15	0	66	2	0	6	4	21
93	189	15	6	29	3	0	9	6	32
94	192	0	3	64	4	0	13	0	43
95	194	1	1	27	5	1	0	2	54
96	196	1	6	62	6	1	3	4	64
97	198	2	4	26	7	1	6	7	3
98	200	3	1	61	8	1	10	1	14
99	202	3	7	24	9	1	13	3	24
100	204	4	4	59	DECA.				
200	408	9	1	46	1	0	0	2	44
300	612	13	6	53	2	0	0	5	17
400	817	2	3	20	3	0	0	7	61
500	1021	7	0	7	4	0	1	2	33
600	1225	11	4	66	5	0	1	5	5
700	1430	0	1	53	6	0	1	7	50
800	1634	4	6	40	7	0 -	2	2	22
900	1838	9	3	27	8	0	2	4	66
1000	2042	14	0	14	9	0	2	7	58
5000	10214	6	0	70					
10000	20428	12	1	68					

Nota, Pour la réduction des grammes, décigrammes, centigrammes et milligrammes, voir la Table 50.

INSTRUCTIONS relatives à l'usage de la Table n°. 48, combinée avec celle n° 49, destinée aux Marchands de demi-gros, et aux Pharmaciens et Bijoutiers.

48 et 49. Les pharmaciens et les bijoutiers, habitués à apprécier l'énergie de leurs préparations et la valeur de leurs bijoux à poids anciens, et forcés néanmoins de faire leurs pesées avec des poids métriques décimaux, trouveront sans doute commode de recourir à cette

table, construite de manière à leur offrir et la *transfor-mation* directe des grains, gros, onces et livres poids de marc en *milligrammes*, et l'*indication* en même temps des poids légaux à mettre dans le plateau de la balance, pour l'équivalent des anciens.

Ainsi, par exemple, ils auraient, au moyen de cette table, pour réduction de quatre grains ou karat, 212 milligrammes, égaux à des poids du double décigramme, d'un centigramme, et du double milligramme.

Ils auraient, pour 24 grains, denier ou drachme : 1 gramme 2 décigrammes 7 centigrammes 5 milligrammes à mettre dans le plateau de la balance ; et pour 6 gros 14 grains, on devrait prendre,

Pour 6 gros. 22,946
Pour 14 grains. 0,744

Ce qui ferait au total 23 grammes 690 milligrammes, qu'on obtiendrait avec des poids de 2 décagrammes, 3 grammes, 6 décagrammes, 9 centigrammes.

Si l'on avait à réduire 8 livres 3 onces 2 gros 17 grains, on trouverait :

Pour 8 livres. . . . . 3^k,916047
Pour 3 onces. 0, 091782
Pour 2 gros. 0, 007649
Pour 17 grains. 0, 000903

Et pour total. . . . . 4, 016381, valeur égale à 4 kilos, 1 déca, 6 grammes, 3 décigrammes, 8 centigrammes et 1 milligramme, poids qu'il faudrait mettre dans le bassin de la balance.

BASES qui ont servi à la construction de la Table.

Le rapport ou la valeur de la livre de 16 onces
    en kilogrammes, est de. . . . . $0^k,489^{gr.}\ 505^{mil.}8466$
Id. du marc ou 8 onces , de. 0, 244   752   9233
Id. de l'once, huitième du marc, de. 0, 030   594   1154
Id. du gros huitième de l'once, de. 0, 003   824   2644
Id. du denier, drachme ou scrupule, ou 24 gr. 0, 001   274   7548
Id. du karat, sixième du denier, ou 4 grains. 0, 000   212   4591
Id. du grain, quart du karat, de. 0, 000   053   1147
Id. du dixième de grain, de. 0, 000   005   5114
Enfin la valeur du centième du grain , est de 0, 000   000   5314

Ces valeurs ou rapports dont il est facile de vérifier l'exactitude peuvent être utilisés, non seulement pour toutes transformations d'anciens poids et nouveaux, mais encore pour déterminer leurs prix d'après celui du kilogramme ; de sorte qu'à raison de 15 fr. 75 le kilogramme d'une certaine drogue, on aurait, pour valeur du drachme ou 24 grains, 2 centimes, produit de la multiplication de 15, 75 par 0,00127.

De même, à raison de 268 fr. 45 c. le kilogramme, le grain poids de marc vaudrait 268,45 multiplié par 0,000053, ou 1 centime 4 dixièmes.

D'autre part, pour transformer 3 karats 2 grains en kilogrammes, on devrait multiplier 0,000212 par 3,50, ce qui donnerait pour valeur demandée 742 milligrammes.

Enfin, pour obtenir la transformation de 4 livres 7 onces 6 gros, il faudrait *multiplier* le rapport de la livre par 4, celui de l'once par 7, et celui du gros par 6 ; la réunion de ces produits formerait la valeur métrique demandée.

49. **TABLEAU de Réduction**

Des grains, gros, etc. anciens, en milligrammes, etc, à l'usage des Pharmaciens, des Bijoutiers et autres.

Grains anciens.	gr. mil.
0,1	0,005
0,5	0,026
1	0,053
2	0,106
3	0,159
Karat ou 4	0,212
5	0,266
6	0,319
7	0,372
8	0,425
9	0,478
10	0,531
11	0,584
12	0,637
13	0,690
14	0,744
15	0,797
16	0,850
17	0,903
18	0,956
19	1,009
20	1,062
21	1,115
22	1,169
23	1,222
Denier ou 24	1,275
25	1,328
26	1,381
27	1,434
28	1,487
29	1,540
30	1,593
31	1,647
32	1,700

Grains anciens.	gr. mil.
33	1,753
34	1,806
35	1,859
36	1,912
37	1,965
38	2,018
39	2,071
40	2,125
41	2,178
42	2,231
43	2,284
44	2,337
45	2,390
46	2,443
47	2,496
48	2,550
49	2,603
50	2,656
51	2,709
52	2,762
53	2,815
54	2,868
55	2,921
56	2,974
57	3,028
58	3,081
59	3,134
60	3,187
61	3,240
62	3,293
63	3,346
64	3,399
65	3,452
66	3,506
67	3,559
68	3,612

Grains anciens.	gr. mil.
69	3,665
70	3,718
71	3,771
72	3,824
Gros.	
1	3,824
2	7,649
3	11,473
4	15,297
5	19,121
6	22,946
7	26,770
8	30,594
Onces.	
1	30,594
2	61,188
3	91,782
4	122,377
5	152,971
6	183,565
7	214,159
Marc ou 8	244,753
9	275,347
10	305,941
11	336,535
12	367,129
13	397,724
14	428,318
15	458,912
16	489,506

Livres p. de m.	kil. gr. mil.
1	0,489506
2	0,979012
3	1,468517
4	1,958023
5	2,447529
6	2,937035
7	3,428541
8	3,916047
9	4,405553
10	4,895058
20	9,790116
30	14,685175
40	19,580233
50	24,475292
60	29,370350
70	34,265409
80	39,160467
90	44,055516
100	48,950584
200	97,901169
300	146,851754
400	195,802338
500	244,752923
600	293,703508
700	342,654092
800	391,604677
900	440,555262
1000	489,505846
2000	979,011693

Voir à la fin quelques tarifs sur les matières d'or et d'argent, avec la manière de les composer et d'en faire usage.

TABLE de Réduction des milligrammes, centigrammes, etc., en grains, gros, onces et livres de 16 onces poids de marc.

Poids métriques	Grains anciens et parties décimales	Poids métriques	Gros, onces, livres et parties décimales.	Gros, onces, livres et parties aliquotes.
milligr.		grammes.		
1	en grains 0,0188	1	en grains 18,8271 ou	19^{gra}
2	0,0376	2	37,6542 ou	38
3	0,0564	3	56,4813 ou	56
4	0,0752	4	en gros 1,046 ou	1^{gros} 03
5	0,0940	5	1,307 ou	1 22
6	0,1128	6	1,569 ou	1 41
7	0,1316	7	1,830 ou	1 60
8	0,1504	8	2,092 ou	2 07
9	0,1692	9	2,355 ou	2 25
centigr.		décagr.		
1	en grains 0,1882	1	en gros 2,6148 ou	2 44
2	0,3764	2	5,2296 ou	5 17
3	0,5646	3	7,8444 ou	7 61
4	0,7528	4	en onces 1,307 ou	1^{onc} 2 33
5	0,9410	5	1,634 ou	1 5 05
6	1,1292	6	1,961 ou	1 7 50
7	1,3174	7	2,288 ou	2 2 22
8	1,5056	8	2,615 ou	2 4 66
9	1,6938	9	2,942 ou	2 7 58
décigr.		hectogr.		
1	en grains 1,8827	1	en onces 5,2686 ou	5 2 11
2	3,7654	2	6,5572 ou	6 4 21
3	5,6481	3	9,8058 ou	9 6 52
4	7,5308	4	13,0744 ou	13 0 43
5	9,4136	5	en liv. 1,021 ou 1$^{liv.}$	0 2 54
6	11,2962	6	1,226 ou 1	5 4 64
7	13,1789	7	1,430 ou 1	6 7 03
8	15,0616	8	1,634 ou 1	10 1 14
9	16,9443	9	1,839 ou 1	13 3 24

(67)

INSTRUCTIONS relatives au Tarif ci-après.

51. Le tarif qui suit, quoique bien simple dans sa composition, pouvant recevoir une application très-étendue, les paragraphes suivans méritent quelque attention.

1°.

La première colonne représente le prix ou la valeur d'une chose par quintal, par kilo, par hecto, etc., ou par décigramme, centigramme, etc. de 5 centimes en 5 centimes jusqu'à 10 francs, valeurs qui peuvent devenir de dix en dix fois plus grandes ou plus petites, par l'avancement de la virgule vers la droite ou vers la gauche. D'autre part, les poids décimaux se comptent ainsi qu'il a été déjà dit de 1 à 9; les huit colonnes numérotées en tête donnent donc le montant de 2, 3, 4, 5, 6, 7, 8 et 9 fois les prix réels ou fictifs de la première colonne, sans ou avec déplacement de la virgule.

Ainsi conçue et exécutée, cette table donne directement, ment,

Pour 7 centigrammes d'une chose à 5 c. l'un. . . . . . . of. 35 c.
Pour 6 décagrammes à 55 c. par décagramme. 3, 30
Pour 9 hectogrammes à 1 fr. 15 l'hectogramme. 10, 35
Pour 5 kilogrammes à 1 fr. 45 par kilo 7, 25
Pour 4 quintaux à raison de 9 fr. 75 c. le quintal . . 39, 00

2°.

En supposant que la première colonne représente des francs au lieu de centimes, en ce cas elle donnera des prix de cinq en cinq francs jusqu'à mille francs la chose, et on aurait encore directement,

Pour 8 kilogrammes à 15 fr. . . . . 120 f.
Pour 7 quintaux à 85 fr. 595
Pour 6 milliers à 995. 5970

3°.

Par le mouvement de la virgule décimale d'une place vers la *droite*, on aura, à partir de 1 fr., des prix de 10 fr., et de 50 en 50 c., jusqu'à 99 fr. 50 c. et 100 fr. la chose; d'après cette hypothèse, la table donnerait par conséquent,

Pour 5 hectogrammes par exemple à 11 fr. 50 l'hect.   57 f. 50 c.
Et pour 9 quintaux à 79 fr. 50 par quintal.......... 715   50

4°.

Par l'avancement de la virgule vers la droite on aurait encore, pour 47 kilogrammes de marchandise à 9 fr. 85 le kilogramme; savoir :

Pour 7 kilogrammes.   68   95
Pour 4 kilog. 59 f. 40, ce qui donne pour 40 kilos. . 394   00

Et au total, pour 47 kilos. 462   95

On obtiendrait le même résultat par la multiplication de 9 f. 85 c. par 47.

5°.

Enfin, par l'avancement de la virgule vers la gauche, on obtiendrait le montant de 8 kilogrammes 4 hecto 5 déca de sucre, par exemple, à raison de 1 fr. 85 c. le kilo, en prenant sur la table et sur la même ligne,

Pour 8 kilogrammes. . . . .   14 f. 80 c.
Pour 4 kil. on aurait 7 f. 40 c., les 4 hect. vaudraient   0,   74
Pour 5 kil. on aurait 9 fr. 25 c., et pour 5 déca. . .   0,   0925

Pour total on aurait enfin   15,   63 c.

valeur demandée qu'on trouverait également en multipliant 8,45 par 1,85. De même, on résoudrait tous autres cas analogues du ressort de cette table.

TARIF du montant des denrées et marchandises, ou Prix-Courans multipliés par 2, 3, 4, 5, 6, 7, 8 et 9.

Prix-Courans	2	3	4	5	6	7	8	9
sous. fr. c.	fr. c.	fr. c.	fr. c.	fr. c.	fr. c.	fr. c.	fr. c.	fr. c.
1 ou 0,05	0,10	0,15	0,20	0,25	0,30	0,35	0,40	0,45
2 0,10	0,20	0,30	0,40	0,50	0,60	0,70	0,80	0,90
3 0,15	0,30	0,45	0,60	0,75	0,90	1,05	1,20	1,35
4 0,20	0,40	0,60	0,80	1,00	1,20	1,40	1,60	1,80
5 0,25	0,50	0,75	1,00	1,25	1,50	1,75	2,00	2,25
6 0,30	0,60	0,90	1,20	1,50	1,80	2,10	2,40	2,70
7 0,35	0,70	1,05	1,40	1,75	2,10	2,45	2,80	3,15
8 0,40	0,80	1,20	1,60	2,00	2,40	2,80	3,20	3,60
9 0,45	0,90	1,35	1,80	2,25	2,70	3,15	3,60	4,05
10 0,50	1,00	1,50	2,00	2,50	3,00	3,50	4,00	4,50
11 0,55	1,10	1,65	2,20	2,75	3,30	3,85	4,40	4,95
12 0,60	1,20	1,80	2,40	3,00	3,60	4,80	4,80	5,40
13 0,65	1,30	1,95	2,60	3,25	3,90	4,55	5,20	5,85
14 0,70	1,40	2,10	2,80	3,50	4,20	4,90	5,60	6,30
15 0,75	1,50	2,25	3,00	3,75	4,50	5,25	6,00	6,75
16 0,80	1,60	2,40	3,20	4,00	4,80	5,60	6,40	7,20
17 0,85	1,70	2,55	3,40	4,25	5,10	5,95	6,80	7,65
18 0,90	1,80	2,70	3,60	4,50	5,40	6,30	7,20	8,10
19 0,95	1,90	2,85	3,80	4,75	5,70	6,65	7,60	8,55
1, 00	2,00	3,00	4,00	5,00	6,00	7,00	8,00	9,00
1, 05	2,10	3,15	4,20	5,25	6,30	7,35	8,40	9,45
1, 10	2,20	3,30	4,40	5,50	6,60	7,70	8,80	9,90
1, 15	2,30	3,45	4,60	5,75	6,90	8,05	9,20	10,35
1, 20	2,40	3,60	4,80	6,00	7,20	8,40	9,60	10,80
1, 25	2,50	3,75	5,00	6,25	7,50	8,75	10,00	11,25
1, 30	2,60	3,90	5,20	6,50	7,80	9,10	10,40	11,70
1, 35	2,70	4,05	5,40	6,75	8,10	9,45	10,80	12,15
1, 40	2,80	4,20	5,60	7,00	8,40	9,80	11,20	12,60
1, 45	2,90	4,35	5,80	7,25	8,70	10,15	11,60	13,05
1, 50	3,00	4,50	6,00	7,50	9,00	10,50	12,00	13,50
1, 55	3,10	4,65	6,20	7,75	9,30	10,85	12,40	13,95
1, 60	3,20	4,80	6,40	8,00	9,60	11,20	12,80	14,40
1, 65	3,30	4,95	6,60	8,25	9,90	11,55	13,20	14,85
1, 70	3,40	5,10	6,80	8,50	10,20	11,90	13,60	15,30
1, 75	3,50	5,25	7,00	8,75	10,50	12,25	14,00	15,75
1, 80	3,60	5,40	7,20	9,00	10,80	12,60	14,40	16,20
1, 85	3,70	5,55	7,40	9,25	11,10	12,95	14,80	16,65

Suite du **Tarif.**

Prix courans.	2	3	4	5	6	7	8	9
fr. c.	fr. c.	fr. c.	fr. c.	fr. c.	fr. c.	fr. c.	fr. c.	fr. c.
1,90	2,80	5,70	7,60	9,50	11,40	13,30	15,20	17,10
1,95	3,90	5,85	7,80	9,75	11,70	13,65	15,60	17,55
2,00	4,00	6,00	8,00	10,00	12,00	14,00	16,00	18,00
2,05	4,10	6,15	8,20	10,25	12,30	14,35	16,40	18,45
2,10	4,20	6,30	8,40	10,50	12,60	14,70	16,80	18 90
2,15	4,30	6,45	8,60	10,75	12,90	15,05	17,20	19,35
2,20	4,40	6,60	8,80	11,00	13,20	15,40	17,60	19,80
2,25	4,50	6,75	9,00	11,25	13,50	15,75	18,00	20,25
2,30	4,60	6,90	9,20	11,50	13,80	16,10	18,40	20,70
2,35	4,70	7,05	9,40	11,75	14,10	16,45	18,80	21,15
2,40	4,80	7,20	9,60	12,00	14,40	16,80	19,20	21,60
2,45	4,90	7,35	9,80	12,25	14,70	17,15	19,60	22,05
2,50	5,00	7,50	10,00	12,50	15,00	17,50	20,00	22,50
2,55	5,10	7,65	10,20	12,75	15,30	17,85	20,40	22,95
2,60	5,20	7,80	10,40	13,00	15,60	18,20	20,80	23,40
2,65	5,30	7,95	10,60	13,25	15,90	18,55	21,20	23,85
2,70	5,40	8,10	10,80	13,50	16,20	18,90	21 60	24,30
2,75	5,50	8,25	11,00	13,75	16,50	19,25	22,00	24,75
2,80	5,60	8,40	11,20	14,00	16,80	19,60	22,40	25,20
2,85	5,70	8,55	11 40	14,20	17,10	19,95	22,80	25,65
2,90	5,80	8,70	11,60	14,40	17,40	20,30	23,20	26,10
2,95	5,90	8,85	11,80	14,60	17,70	20,65	23,60	26,55
3,00	6,00	9,00	12,00	15,00	18,00	21,00	24,00	27,00
3,05	6,10	9,15	12,20	15,25	18,30	21,35	24,40	27,45
3,10	6,20	9,30	12,40	15,50	18,60	21,70	24,80	27,90
3,15	6,30	9,45	12,60	15,75	18,90	22,05	25,20	28,35
3,20	6,40	9,60	12,80	16,00	19,20	22,40	25,60	28,80
3,25	6,50	9,75	13,00	16,25	19,50	22,75	26,00	29,25
3,30	6,60	9,90	13,20	16,50	19,80	23,10	26,40	29,70
3,35	6,70	10,05	13,40	16,75	20,10	23,45	26,80	30,15
3,40	6,80	10,20	13,60	17,00	20,40	23,80	27,20	30,60
3,45	6,90	10,35	13,80	17,25	20,70	24,15	27,60	31,05
3,50	7,00	10,50	14,00	17,50	21,00	24,50	28,00	31,50
3,55	7,10	10,65	14,20	17,75	21,30	24,85	28,40	31,95
3,60	7,20	10,80	14,40	18,00	21,60	25,20	28,80	32,40
3,65	7,30	10,95	14,60	18,25	21,90	25,55	29,20	32,85
3,70	7,40	11,10	14,80	18,50	22,20	25,90	29,60	33,30
3,75	7,50	11,25	15,00	18,75	22,50	26,25	30,00	33,75
3,80	7,60	11,40	15,20	19,00	22,80	26,80	30,40	34,20
3,85	7,70	11,55	15,40	19,25	23,10	26,95	30,80	34,65

Suite du **Tarif**.

Prix courans.	2	3	4	5	6	7	8	9
fr. c.	fr. c.	fr. c.	fr. c.	fr. c.	fr. c.	fr. c.	fr. c.	fr. c.
3,90	7,80	11,70	15,60	19,50	23,40	27,30	31,20	35,10
3,95	7,90	11,85	15,80	19,75	23,70	27,65	31,60	35,55
4,00	8,00	12,00	16,00	20,00	24,00	28,00	32,00	36,00
4,05	8,10	12,15	16,20	20,25	24,30	28,35	32,40	36,45
4,10	8,20	12,30	16,40	20,50	24,60	28,70	32,80	36,90
4,15	8,30	12,45	16,60	20,75	24,90	29,05	33,20	37,35
4,20	8,40	12,60	16,80	21,00	25,20	29,40	33,60	37,80
4,25	8,50	12,75	17,00	21,25	25,50	29,75	34,00	38,25
4,30	8,60	12,90	17,20	21,50	25,80	30,10	34,40	38,70
4,35	8,70	13,05	17,40	21,75	26,10	30,45	34,80	39,15
4,40	8,80	13,20	17,60	22,00	26,40	30,80	35,20	39,60
4,45	8,90	13,35	17,80	22,25	26,70	31,15	35,60	40,05
4,50	9,00	13,50	18,00	22,50	27,00	31,50	36,00	40,50
4,55	9,10	13,65	18,20	22,75	27,30	31,85	36,40	40,95
4,60	9,20	13,80	18,40	23,00	27,60	32,20	36,80	41,40
4,65	9,30	13,75	18,60	23,25	27,90	32,55	37,20	41,85
4,70	9.40	14,10	18,80	23,50	28,20	32,90	37,60	42,30
4,75	9,50	14,25	19,00	23,75	28,50	33,25	38,00	42,75
4,80	9,60	14,40	19,20	24,00	28,80	33,60	38,40	43,20
4.85	9,70	14,55	19,40	24,25	29,10	33,95	38,80	43,65
4,90	9,80	14,70	19,60	24,50	29,40	34,30	39,20	44,10
4,95	9,90	14,85	19,80	24,75	29,70	34,65	39,60	44,55
5,00	10,00	15,00	20,00	25,00	30,00	35,00	40,00	45,00
5,05	10,10	15,15	20,20	25,25	30,30	35,35	40,40	45,45
5,10	10,20	15,30	20,40	25,50	30,60	35,70	40,80	45,90
5,15	10,30	15,45	20,60	25,75	30,90	36,05	41,20	46,35
5,20	10,40	15,60	20,80	26,00	31,20	36,40	41,60	46,80
5,25	10,50	15,75	21,00	26,25	31,50	36,75	42,00	47,25
5,30	10,60	15,90	21,20	26,50	31,80	37,10	42,40	47,70
5,35	10,70	16,05	21,40	26,75	32,10	37,45	42,80	48,15
5,40	10,80	16,20	21,60	27,00	32,40	37,80	43,20	48,60
5,45	10,90	16,35	21,80	27,25	32,70	38,15	43,60	49,05
5,50	11,00	16,50	22,00	27,50	33,00	38,50	44,00	49,50
5,55	11,10	16,65	22,20	27,75	33,30	38,85	44,40	49,95
5,60	11,20	16,80	22,40	28,00	33,60	39,20	44,80	50,40
5,65	11,30	16,95	22,60	28,25	33,90	39,55	45,20	50,85
5,70	11,40	17,10	22,80	28,50	34,20	39,90	45,60	51,30
5,75	11,50	17,25	23,00	28,75	34,50	40,25	46,00	51,75
5,80	11,60	17,40	23,20	29,00	34,80	40,60	46,40	52,20
5,85	11,70	17,55	23,40	29,25	35,10	40,95	46,80	52,65

Suite du **Tarif.**

PRIX courans	2	3	4	5	6	7	8	9
fr. c.	fr. c.	fr. c.	fr. c.	fr. c.	fr. c.	fr. c.	fr. c.	fr. c.
5,90	11,80	17,70	23,60	29,50	35,40	41,30	47,20	53,10
5,95	11,90	17,85	23,80	29,75	35,70	41,65	47,60	53,55
6,00	12,00	18,00	24,00	30,00	36,00	42,00	48 00	54,00
6,05	12,10	18,15	24,20	30,25	36,30	42,35	48,40	54,45
6,10	12,20	18,30	24,40	30,50	36,60	42,70	48,80	54,90
6,15	12,30	18,45	24,60	30,75	36 90	43,05	49,20	55,35
6,20	12,40	18,60	24,80	31,00	37,20	43,40	49,60	55,80
6,25	12,50	18,75	25,00	31,25	37,50	43,75	50,00	56,25
6,30	12,60	18,90	25,20	31,50	37,80	44,10	50,40	56,70
6,35	12,70	19,05	25,40	31,75	38,10	44,45	50,80	57,15
6,40	12,80	19,20	25,60	32,00	38,40	44 80	51,20	57,60
6,45	12,90	19,35	25,80	32,25	38,70	45,15	51,60	58,05
6,50	13,00	19,50	26,00	32,50	39,00	45,50	52,00	58,50
6,55	13,10	19,65	26,20	32,75	39,30	45,85	52,40	58,95
6,60	13,20	19,80	26,40	33,00	39,60	46,20	52,80	59,40
6,65	13,30	19,95	26,60	33,25	39,90	46,55	53,20	59,85
6,70	13,40	20,10	26,80	33,50	40 20	46,90	53,60	60,30
6,75	13,50	20,25	27,00	33,75	40,50	47,25	54,00	60,75
6,80	13,60	20,40	27,20	40,00	40 80	47,60	54,40	61,20
6,85	13,70	20,55	27,40	40,25	41,10	47,95	54,80	61 65
6,90	13,80	20,70	27,60	40,50	41,40	48,30	55,20	62,10
6,95	13,90	20.85	27,80	40,75	41,70	48 65	55,60	62,55
7,00	14,00	21,00	28,00	35,00	42,00	49 00	56,00	63,00
7,05	14,10	21,15	28,20	35,25	42 30	49 35	56,40	63,45
7,10	14,20	21,30	28,40	35,50	42,60	49,70	56,80	63 90
7,15	14,30	21,45	28,60	35,75	42,90	50,05	57 20	64,35
7,20	14,40	21,60	28,80	36,00	43,20	50,40	57,60	64 80
7,25	14,50	21,75	29,00	36,25	43,50	50,75	58 00	65,25
7,30	14,60	21,90	29,20	36,50	43 80	51,10	58,40	65,70
7,35	14,70	22,05	29,40	36,75	44,10	51 45	58,80	66,15
7,40	14,80	22,20	29,60	37,00	44 40	51,80	59,20	66,60
7,45	14,90	22,35	29,80	37,25	44,70	52,15	59,60	67,05
7,50	15,00	22,50	30,00	37,50	45,00	52,50	60,00	67 50
7,55	15,10	22,65	30,20	37,75	45,30	52,85	60,40	67,95
7,60	15,20	22,80	30,40	38,00	45 60	53,20	60,80	68 40
7,65	15,30	22,95	30,60	38,25	45,90	53,55	61,20	68,85
7,70	15,40	23,10	30,80	38,50	46,20	53,90	61,60	69,30
7,75	15,50	23,25	31,00	38,75	46,50	54,25	62,00	69,75
7,80	15,60	23,40	31,20	39,00	46,80	54,60	62,40	70 20
7 85	15,70	23,55	31,40	39,25	47,10	54,95	62,80	70 65
7,90	15,80	23,70	31 60	39,50	47 40	55,30	63,20	71,10

Suite du **Tarif.**

PRIX courans.	2	3	4	5	6	7	8	9
fr. c.	fr. c.	fr. c.	fr. c.	fr. c.	fr. c.	fr. c.	fr. c.	fr. c.
7,95	15,90	23,85	31,80	39,75	47.70	55,65	63.60	71,55
8,00	16,00	24 00	32,00	40,00	48 00	56 00	64 00	72,00
8,05	16,10	24,15	32,20	40,25	48,30	56,35	64.40	72,45
8,10	16,20	24,30	32,40	40,50	48 60	56 70	64,80	72 90
8,15	16,30	24,45	32,60	40,75	48 90	57,05	65,20	73 35
8,20	16,40	24,60	32,80	41,00	49 20	57,40	65,60	73 80
8,25	16,50	24,75	33,00	41,25	49 50	57,75	66.00	74.25
8,30	16,60	24,90	33,20	41,50	49 80	58,10	66.40	74.70
8,35	16,70	25,05	33,40	41,75	50 10	58 45	66 80	75.15
8,40	16,80	25 20	33,60	42,00	50 40	58 80	67 20	75 60
8,45	16,90	25,35	33,80	42,25	50 70	59 15	67 60	76 05
8,50	17 00	25,50	34,00	42,50	51,00	59 50	68 00	76 50
8,55	17,10	25,65	34,20	42,75	51,30	59 85	68.40	76 95
8,60	17,20	25,80	34,40	43,00	51,60	60,20	68.80	77.40
8,65	17,30	25,95	34,60	43,25	51 90	60,55	69,20	77,85
8,70	17,40	26,10	34,80	43,50	52 20	60,90	69,60	78 30
8,75	17,50	26,25	35,00	43,75	52 50	61,25	70 00	78,75
8,80	17,60	26,40	35,20	44,00	52 80	61,60	70,40	79 20
8,85	17,70	26,55	35,40	44,25	53,10	61,95	70 80	79 65
8,90	17,80	26,70	35,60	44,50	53 40	62 30	71,20	80,10
8,95	17,90	26,85	35,80	44,75	53,70	62 65	71,60	80 55
9,00	18,00	27,00	36,00	45,00	54 00	63 00	72,00	81 00
9,05	18,10	27,15	36,20	45,25	54 30	63 35	72 40	81,45
9,10	18,20	27,30	36,40	45,50	54 60	63 70	72,80	81 90
9,15	18,30	27,45	36,60	45,75	54 90	64,05	73 20	82,35
9,20	18,40	27,60	36,80	46,00	55,20	64.40	73 60	82 80
9,25	18,50	27,75	37,00	46,25	55 50	64 75	74 00	83 25
9,30	18,60	27,90	37,20	46,50	55 80	65 10	74,40	83 70
9,35	18,70	28,05	37,40	46,75	56.10	65 45	74 80	84 15
9,40	18,80	28,20	37,60	47,00	56 40	65 80	75 20	84.60
9,45	18,90	28,35	37,80	47,25	56 70	66.15	75.60	85,05
9,50	19,00	28,50	38,00	47,50	57 00	66 50	76 00	85 50
9,55	19,10	28,65	38,20	47,75	57 30	66,85	76,40	85 95
9,60	19,20	28,80	38,40	48,00	57 60	67 20	76,80	86 40
9,65	19,30	28,95	38,60	48,25	57 90	67 55	77 20	86 85
9,70	19,40	29,10	38,80	48,50	58 20	67 90	77,60	87 30
9,75	19,50	29,25	39,00	48,75	58 50	68 25	78 00	87 75
9,80	19,60	29,40	39,20	49,00	58,80	68 60	78 40	88 20
9 85	19,70	29,55	39,40	49,25	59 10	68 95	78,80	88 65
9 90	19,80	29 70	39,60	49,50	59,40	69,30	79,20	89 10
9,95	19,90	29,85	39,80	49,75	59 70	69,65	79 60	89,55
10 f.	20,00	30 00	40,00	50,00	60 00	70,00	80,00	90,00

En terminant, nous prions les lecteurs de vouloir bien réfléchir, 1° que ce petit Recueil d'instructions et de calculs, quelque simple et précis qu'il puisse être, ne saurait être compris et saisi à la volée ; qu'il est donc nécessaire de le méditer quelque peu, de le relire plusieurs fois, et de le pratiquer la plume à la main, afin de le graver dans la mémoire et de se familiariser avec les principes et avec les procédés essentiels et fondamentaux.

2°.

Nous observons de plus que tant qu'il y aura dans les idées une concurrence établie *entre les anciens poids et leurs divisions binaires*, et les poids métriques *décimaux*, il y aura lutte, embarras et malaise pour se rendre, à chaque instant, un compte exact comparatif des opérations mercantilles. Les Marchands et Débitans doivent donc *oublier entièrement* les anciens poids et leurs divisions par tiers, par quart, etc., pour n'avoir en vue et ne reconnaître que les poids nouveaux et leurs divisions par *cinq*, par *dix*, par *cent*, etc., au moyen desquels il leur est légalement prescrit de transiger, d'acheter et de vendre.

3°.

Il n'existe, ainsi qu'il a été dit, que trois poids en *myria*, trois poids en *kilo*, trois poids en *hecto*, trois poids en *déca*, trois poids en *grammes*. Que l'on s'empresse donc d'acheter ces poids, de s'exercer à reconnaître au premier aspect les hectogrammes, les décagrammes surtout, et les poids inférieurs, afin d'être bientôt dans le cas de pouvoir vendre et expédier promptement, avec sûreté, en juste connaissance de cause, à *tout poids* et à *tout prix*.

4°.

Pour vendre à *tout poids*, le marchand se pliant aux nécessités du moment, devra satisfaire sans hésitation, avec des poids métriques décimaux , à toutes les demandes qui seraient faites en poids anciens. A cet effet, il lui suffira de ne pas perdre de vue que le demi-kilogramme ou le poids de 5 hectogrammes a la même valeur que la livre usuelle supprimée, qui correspondait assez exactement à l'ancienne livre de seize onces. Que par conséquent, il devra expédier,

Pour une demande de vingt livres, *un myria.*
Pour dix livres . . . . *cinq kilo.*
Pour cinq livres, 2 *kilo* et 5 *hecto*, ou 2 kil. 5o.
Pour une livre,   1 *cinq hecto*, égal à 5oo gram.
Pour une demi-livre, *la moitié de 5 hecto,* ou 25o grammes qui consistent en un poids de deux hectogrammes et un poids de cinq décagrammes.

Pour un quart de livre, 125 grammes qui se composent d'*un hecto*, de *deux déca* et de 5 *grammes.*

Le demi-quart ancien et les poids inférieurs n'ayant pas de correspondans exacts, il faudra se souvenir dans le besoin,

Que l'*hectogramme* vaut. . . . 3 onces et un tiers , à très-peu près.
Le double hectogramme. . . . 6 onces et demi, *id.*
Le demi-hectogramme ou 5 *décagrammes,* 1 once deux tiers, *id.*
Trois décagrammes. . . . . . 1 once, *id.*
Le double décagramme. . . . 5 gros et un quart, *id.*
Et le *décagramme.* . . . . . . 2 gros deux tiers , *id.*

En se débarrassant, le plus souvent possible, de ces valeurs comparatives qui ne peuvent que retarder les progrès populaires du système, les Marchands et les Débitans devraient s'imposer l'obligation de ne débiter que par hecto dont la valeur est du dixème de celle du kilogramme, et par décagrammes, dixièmes de l'hectogramme.

5°.

Pour vendre à *tout prix* avec les poids décimaux, sans égard à leurs rapports avec les anciens, quand on voudra procéder par *principes*, on devra commencer par se fixer sur le prix de ses denrées et marchandises par *kilogrammes*.

Ce prix réglé, on l'écrira en chiffres et on déduira le prix de l'hectogramme, dixième du kilo ; celui du décagramme, dixième de l'hecto ; et celui du gramme, dixième du déca, par l'avancement successif de la virgule décimale d'une place vers la gauche.

De sorte que, par exemple, à raison de 12 fr. 65 c. par kilogramme, on aurait 1 fr. 26 pour prix de l'hectogramme ; 0 fr. 13 c. pour prix du décagramme ; et 0 fr. 01 pour valeur du gramme.

Et si au même prix de 12 fr. 65 c. par kilo on avait à chercher le montant d'une pesée de 5 kilo 4 hecto 8 déca 9 grammes, on pourrait, ou multiplier les valeurs ci-dessus par 5 pour les kilo ; par 4 pour les hecto ; par 8 et par 9 pour les déca et pour les grammes, afin de les additionner ensuite, en plaçant convenablement la virgule.

Ou mieux et plus brièvement, on devrait *multiplier* le prix du kilo par la pesée, ou 12 fr. 65 par 5,489, ce qui donnerait pour montant demandé 99 fr. 43 c. et demi.

6°.

Pour calculer habituellement de *mémoire* ou sans le

secours de la plume, quand on aura fixé le prix du kilogramme d'une chose, on en déduira la valeur de l'hectogramme en prenant les *deux sous* par franc de ce prix,
ce qui donnerait,

> à 10 sous le kilo........ *un sou* pour l'hecto ;
> à 2 fr. le kilo......... *quatre sous* pour l'hecto ;
> à 3 fr. 5o c. le kilo..... *sept sous* pour l'hecto.

A 9 fr. 75 c., on pourrait doubler ce nombre qui deviendrait 19,5o, et qui exprimerait, pour valeur de l'hecto,
19 sous et demi.

Du prix du kilogramme on déduirait celui du *décagramme* en prenant le *centime* par *franc*, ce qui donnerait, à 3 fr. le kilo, 3 c. pour le déca ; à 7 fr. 5o c. on
aurait 7 c. et demi pour le déca, ainsi des autres valeurs.

7°.

D'autre part, si on voulait compter de *mémoire*, en
partant du prix connu de l'ancienne livre représentée
par le demi kilo ou 5 hecto, il faudrait considérer que
le kilo vaudrait le double du prix de ladite livre ; l'hecto
le cinquième, c'est-à-dire autant de centimes que la livre
coûterait de sous, un centime par sou ; et le décagramme,
deux fois plus de centimes que la livre vaudrait de francs,
2 *centimes par franc*.

A 20 sous la livre, une chose, on aurait par conséquent 4o sous pour valeur du kilo ; 20 c. pour valeur de
l'hecto, et 2 c. pour valeur du décagramme qu'on pourrait aussi considérer comme *dixième* de l'hecto.

A 32 sous la livre, le kilogramme vaudrait de même
3 fr. 4 sous ; l'hectogramme, 32 centimes ; et le déca,
3 centimes et deux dixièmes de centime qu'on pourrait

négliger comme toutes autres fractions de centime au-
dessous de 7 à 8 dixièmes, qui donneraient lieu à compter 1 centime de plus.

A 4 fr. la livre de tabac, l'hectogramme vaudrait
80 c., et le décagramme 8 c.

8°.

Enfin, pour alléger la mémoire, et pour éviter des
longueurs et des retards dans les expéditions de détail,
nous engageons les Marchands et Débitans de calculer
et de fixer à l'avance le prix courant de leurs articles
par kilogrammes et demi-kilogrammes, et d'en dresser
un tableau conforme à celui qui suit, qu'il leur sera facile
de modifier suivant le genre et l'étendue de leur commerce.

TABLEAU des Prix-Courans *au détail suivant les Poids partant du demi-kilogramme, à peu près égal à la livre ancienne.*

PRIX de quelques Articles par cinq hectogrammes ou demi-kilogramme.		PRIX de Revient par Kilogramme.		PRIX de Revient par Hectogrammes.			PRIX de Revient par Décagrammes.			PRIX de Revient. par Grammes.		
	sous.	sous	f. c.	1	2	5	1	2	5	1	2	5
	4	8	0,40	0,04	0,08	0,20	0,00	0,00	0,02	»	»	»
	5	10	0,50	0,05	0,10	0,25	0,01	0,00	0,03	»	»	»
	6	12	0,60	0,06	0,12	0,30	0,01	0,01	0,03	»	»	»
Riz à	7	14	0,70	0,07	0,14	0,35	0,01	0,02	0,04	»	»	»
Amidon à	8	16	0,80	0,08	0,16	0,40	0,01	0,02	0,04	»	»	»
Macaroni à	9	18	0,90	0,09	0,18	0,45	0,01	0,02	0,05	»	»	»
Figues à	10	20	1,00	0,10	0,20	0,50	0,01	0,02	0,05	»	»	0,01
Fromage à	11	22	1,10	0,11	0,22	0,55	0,01	0,02	0,06	»	»	0,01
Savon à	12	24	1,20	0,12	0,24	0,60	0,01	0,03	0,06	»	»	0,01
Huile de noix à	13	26	0,30	0,13	0,26	0,65	0,01	0,03	0,07	»	»	0,01
	14	28	0,40	0,14	0,28	0,70	0,01	0,03	0,07	»	»	0,01
	15	30	1,50	0,15	0,30	0,75	0,02	0,03	0,08	»	»	0,01
	16	32	1,60	0,16	0,32	0,80	0,02	0,03	0,08	»	»	0,01
Gruyère à	17	34	1,70	0,17	0,34	0,85	0,02	0,03	0,09	»	»	0,01
Sucre à	18	36	1,80	0,18	0,36	0,90	0,02	0,04	0,09	»	»	0,01
	19	38	1,90	0,19	0,38	0,95	0,02	0,04	0,10	»	»	0,01
	20	40	2,00	0,20	0,40	1,00	0,02	0,04	0,10	»	»	0,01
	21	42	2,10	0,21	0,42	1,05	0,02	0,04	0,11	»	»	0,01
	22	44	2,20	0,22	0,44	1,10	0,02	0,04	0,11	»	»	0,01
	23	46	2,30	0,23	0,46	1,15	0,02	0,05	0,12	»	»	0,01
Huile d'olive à	24	48	2,40	0,24	0,48	1,20	0,02	0,05	0,12	»	»	0,01
	25	50	2,50	0,25	0,50	1,25	0,03	0,05	0,13	»	»	0,02
	26	52	2,60	0,26	0,52	1,30	0,03	0,05	0,13	»	»	0,02
	27	54	2,70	0,27	0,54	1,35	0,03	0,06	0,14	»	»	0,02
	28	56	2,80	0,28	0,56	1,40	0,03	0,06	0,14	»	»	0,02
	29	58	2,90	0,29	0,58	1,45	0,03	0,06	0,15	»	»	0,02
	30	60	3,00	0,30	0,60	1,50	0,03	0,06	0,15	»	»	0,02
Poivre à	2 liv	4 liv	4,00	0,40	0,80	2,00	0,04	0,08	0,20	»	»	0,02
à	3	6	6,00	0,60	1,20	3,00	0,06	0,12	0,30	0,01	0,01	0,03
Tabacs à	4	8	8,00	0,80	1,60	4,00	0,08	0,16	0,40	0,01	0,01	0,04
	5	10	10,00	1,00	2,00	5,00	0,10	0,20	0,50	0,01	0,01	0,05

Tarif de Prix-Courans de matières d'or et d'argent.

On demande, par exemple, à combien revient un *décagramme* de vieux or, à raison de 98 fr. l'once?

Première solution. — On voit sur la table n° 49, qu'une once est égale, en *décagrammes*, à 3,0594, qui valent,

par conséqnent 98 fr., ce qui donne, pour prix du décagramme, 98 *divisé* par 3,0594, ou 980000 par 305g4,
ou 32 fr. 03 centimes ; de même, pour 97, 96, 95, 94 fr.
l'once, on devrait *diviser* ces valeurs par le même nombre
3,0594, afin d'obtenir les valeurs relatives du décagramme.

Deuxième solution. — D'après la première solution, à 1 fr. l'once, on aurait, pour valeur du *décagramme*, 1 divisé par 3,0594, ou 0^f,3268. On pourrait
donc déterminer la valeur du décagramme par des *multiplications* successives de cette valeur 0,3268 par 98, 97,
96, etc. Et par suite, il serait encore facile de composer
le tarif suivant, ou par des *additions* successives, en partant du prix de 70 fr. l'once, ou par des *soustractions*,
en partant du prix à 98 fr.

De sorte qu'en *ajoutant* à 22 fr. 88 c., prix de revient
du *décagramme*, à 70 fr. l'once, la valeur 0,3268, on
aurait le montant du *décagramme* à 71 fr. l'once, ainsi
des autres. Tout comme de 32 fr. 03 c., prix de revient
du décagramme à 98 fr. l'once, il faudrait déduire ou
soustraire 0,3268 pour avoir le prix de revient du décagramme, à raison de 97 fr. l'once, ainsi des autres ; ces
prix trouvés, on obtiendra ceux des grammes, décigrammes et centigrammes, par le simple avancement de la
virgule décimale d'une, deux et trois places vers la gauche.

Pour les évaluations du prix de l'hectogramme d'argent,
à raison de 56 fr. le marc, on procéderait ainsi qu'il
vient d'être exposé, en employant le *rapport* du marc
à l'hectogramme, qui est 2,4475.

DEUXIÈME EXEMPLE.

On demande à combien reviennent 5 décagrammes
328 millièmes de décagramme de matières d'or, à raison
de 75 fr. l'once ?

Solution. — Le moyen le plus expéditif consiste à prendre sur la table ou le tarif ci-après, le montant du décagramme à 75 fr. l'once qui est de 24 fr. 51 c., et de multiplier cette valeur par 5,328.

Pour 65 grammes, on multiplierait 2,45 par 65.

Et pour 17 décagrammes, on aurait également à multiplier 24,51 par 17.

Premier Tarif.

L'ONCE D'OR à raison de	DONNE POUR VALEUR DES			
	Décagrammes.	Grammes.	Décigrammes.	Centigrammes.
f.	f.	f.	f.	f.
70	22,88	2,29	0,23	0,02
71	23,21	2,32	0,23	0,02
72	23,53	2,35	0,24	0,02
73	23,86	2,39	0,24	0,02
74	24,19	2,42	0,24	0,02
75	24,51	2,45	0,25	0,03
76	24,84	2,48	0,25	0,03
77	25,17	2,51	0,25	0,03
78	25,49	2,55	0,26	0,03
79	25,82	2,58	0,26	0,03
80	26,15	2,61	0,26	0,03
81	26,48	2,65	0,27	0,03
82	26,80	2,68	0,27	0,03
83	27,13	2,71	0,27	0,03
84	27,45	2,75	0,28	0,03
85	27,78	2,78	0,28	0,03
86	28,11	2,81	0,28	0,03
87	28,44	2,84	0,28	0,03
88	28,76	2,88	0,29	0,03
89	29,09	2,91	0,29	0,03
90	29,42	2,94	0,29	0,03
91	29,74	2,97	0,30	0,03
92	30,07	3,01	0,30	0,03
93	30,40	3,04	0,30	0,03
94	30,72	3,07	0,31	0,03
95	31,05	3,10	0,31	0,03
96	31,38	3,14	0,31	0,03

Deuxième Tarif.

<table>
<tr><th></th><th>Décagrammes.</th><th>Grammes.</th><th>Décigrammes.</th><th>Centigrammes.</th></tr>
<tr><td colspan="5" align="center">A 80 FRANCS L'ONCE D'OR ON A POUR VALEUR DES</td></tr>
<tr><th></th><th>f. c.</th><th>f. c.</th><th>f. c.</th><th>f. c.</th></tr>
<tr><td>1</td><td>26,15</td><td>2,61</td><td>0,26</td><td>0,03</td></tr>
<tr><td>2</td><td>52,30</td><td>5,23</td><td>0,52</td><td>0,05</td></tr>
<tr><td>3</td><td>78,45</td><td>7,84</td><td>0,78</td><td>0,07</td></tr>
<tr><td>4</td><td>104,60</td><td>10,46</td><td>1,05</td><td>0,10</td></tr>
<tr><td>5</td><td>130,75</td><td>13,07</td><td>1,31</td><td>0,13</td></tr>
<tr><td>6</td><td>156,90</td><td>15,69</td><td>1,60</td><td>0,16</td></tr>
<tr><td>7</td><td>183,05</td><td>18,30</td><td>1,83</td><td>0,18</td></tr>
<tr><td>8</td><td>209,20</td><td>20,92</td><td>2,09</td><td>0,21</td></tr>
<tr><td>9</td><td>235,35</td><td>23,53</td><td>2,35</td><td>0,23</td></tr>
</table>

Troisième Tarif.

<table>
<tr><td colspan="5" align="center">A 88 FRANCS L'ONCE D'OR ON A POUR VALEUR</td></tr>
<tr><td>1</td><td>28,76</td><td>2,88</td><td>0,29</td><td>0,03</td></tr>
<tr><td>2</td><td>57,52</td><td>5,75</td><td>0,57</td><td>0,06</td></tr>
<tr><td>3</td><td>86,28</td><td>8,63</td><td>0,86</td><td>0,09</td></tr>
<tr><td>4</td><td>115,04</td><td>11,50</td><td>1,15</td><td>0,11</td></tr>
<tr><td>5</td><td>143,80</td><td>14,38</td><td>1,44</td><td>0,14</td></tr>
<tr><td>6</td><td>172,56</td><td>17,26</td><td>1,73</td><td>0,17</td></tr>
<tr><td>7</td><td>201,32</td><td>20,13</td><td>2,01</td><td>0,20</td></tr>
<tr><td>8</td><td>230,08</td><td>23,01</td><td>2,30</td><td>0,23</td></tr>
<tr><td>9</td><td>258,84</td><td>25,88</td><td>2,59</td><td>0,26</td></tr>
</table>

Quatrième Tarif.

Le Marc D'ARGENT à raison de	DONNE POUR VALEUR OU PRIX DES		
	Hectogrammes.	Décagrammes.	Grammes.
	f. c.	f. c.	f. c.
36	14,71	1,47	0,15
37	15,12	1,51	0,15
38	15,53	1,55	0,15
39	15,93	1,59	0,16
40	16,34	1,63	0,16
41	16,75	1,67	0,17
42	17,16	1,72	0,17
43	17,59	1,76	0,18
44	17,98	1,80	0,18
45	18,39	1,84	0,18
46	18,79	1,88	0,19
47	19,20	1,92	0,19
48	19,61	1,96	0,20
49	20,02	2,00	0,20
50	20,43	2,04	0,20
51	20,84	2,08	0,21
52	21,25	2,12	0,21
53	21,65	2,16	0,22
54	22,06	2,21	0,22
55	22,47	2,25	0,23
56	22,88	2,29	0,23
57	23,29	2,33	0,23
58	23,70	2,37	0,24
59	24,11	2,41	0,24
60	24,51	2,45	0,25

Cinquième Tarif.

	A 40 FRANCS LE MARC D'ARGENT ON A POUR VALEUR DES		
	Hectogrammes.	Décagrammes.	Grammes.
	f. c.	f. c.	f. c.
1	16,34	1,63	0,16
2	32,68	3,27	0,33
3	49,02	4,90	0,49
4	65,36	6,54	0,65
5	81,70	8,17	0,82
6	98,04	9,80	0,98
7	114,38	11,44	1,14
8	130,72	13,07	1,31
9	147,06	14,71	1,47

Sixième Tarif.

	A 44 FRANCS LE MARC D'ARGENT ON A POUR VALEUR		
1	17,98	1,80	0,18
2	35,96	3,60	0,36
3	53,94	5,40	0,54
4	71,92	7,19	0,72
5	89,90	8,99	0,90
6	107,88	10,79	1,08
7	125,86	12,59	1,26
8	143,84	14,38	1,44
9	161,82	16,18	1,62

Septième Tarif.

	A 48 FRANCS LE MARC D'ARGENT ON A POUR VALEUR		
	DES		
	Hectogrammes.	Décagrammes.	Grammes.
	f. c.	f. c.	f. c.
1	19,61	1,96	1,20
2	39,22	3,92	0,39
3	58,83	5,88	0,59
4	78,44	7,84	0,78
5	98,05	9,80	0,98
6	117,66	11,77	1,18
7	137,27	13,73	1,37
8	156,88	15,69	1,60
9	176,49	17,65	1,76

Huitième Tarif.

	A 50 FRANCS LE MARC D'ARGENT ON A POUR VALEUR		
1	20,43	2,04	0,20
2	40,86	4,09	0,41
3	61,29	6,13	0,61
4	81,72	8,17	0,82
5	102,15	10,21	1,02
6	122,58	12,26	1,23
7	143,01	14,30	1,43
8	163,44	16,34	1,63
9	183,87	18,39	1,84

Neuvième et dernier Tarif.

	A 56 FRANCS LE MARC D'ARGENT ON A POUR VALEUR DES		
	Hectogrammes.	Décagrammes.	Grammes.
	f. c.	f. c.	f. c.
1	22,88	2,29	0,23
2	45,76	4,58	0,46
3	68,64	6,86	0,69
4	91,52	9,15	0,92
5	114,40	11,44	1,15
6	137,28	13,73	1,38
7	160,16	16,02	1,61
8	183,04	18,30	1,83
9	205,92	20,60	2,06

On nomma ces pièces *pecunia*, de *pecus*, troupeau ; *numus*, *numisma*, qui signifiait *loi*, *moneta*, de *monere*, avertir; *metallum*, métal ; et de ces mots sont dérivés *monnaie*, *médaille* et *numismatique*.

Bientôt après, ces monnaies courantes des anciens représentèrent des temples, des arcs de triomphe, des obélisques, des mausolées, des cirques, des instruments de sacrifice, des inscriptions, des chars de triomphe, etc. etc., ce qui les rend très-importants et indispensables pour découvrir, justifier ou éclairer des évènements, des points obscurs ou contestés, concernant la mythologie, l'histoire ou les arts.

Quelques auteurs font remonter l'invention des *monnaies* à près de quatorze cents ans avant notre ère, au temps du règne de *Janus* en Italie ; d'autres à *Phidon*, roi d'Argos, qui régnait en 894.

Les premières monnaies grecques étaient de fer; mais elles furent bientôt remplacées par des pièces d'or, d'argent et d'airain, d'un travail grossier et présentant des figures exagérées, à contours forcés et anguleux.

Les Grecs comptaient par *drachmes* qui vaudraient 80 de nos centimes; par *mines* qui valaient 100 drachmes, et par *talents* composés de six milles drachmes ; ils avaient des oboles doubles, triples et quadruples: l'obole valait 15 centimes; elle était divisée en demi, tiers, quart et huitième.

Les premières monnaies des Romains furent en terre cuite et en cuir ; ensuite on en fabriqua en bronze, puis en or et en argent ; ils comptaient par sesterces, de valeur de 194 de nos francs à peu près, et par petits sesterces de 19 centimes. La pièce d'or qu'ils nommèrent *aureus* correspond exactement à une de nos pièces de 20 francs ; elle valait 25 *deniers* romains ou cent *sesterces* ; le *denier* valait 10 *as* ou 10 livres en monnaie de bronze; le *quinaire* valait la moitié de l'as, et le sesterce simple la moitié du *quinaire*.

Par l'influence des *Phidias*, *Praxitèle*, *Apelle* et autres sculpteurs à jamais célèbres, l'art monétaire brilla du plus grand éclat au temps d'Alexandre, 330 ans avant J.-C. Cet art passa en Italie vers 54, avec les successeurs des grands artistes grecs, et se maintint ensuite en un haut point de perfection jusques vers le déclin de l'empire romain, au temps de *Galienus* qui régnait en l'an 260 de notre ère. Alors les monnaies devinrent ignobles et du plus bas aloi.

Pour se faire une idée de l'énorme quantité de monnaies qui circulaient dans toutes les provinces de la domination romaine, il suffit de considérer que du temps de Vespasien les dépenses annuelles de l'empire s'élevaient à près de huit milliards; et après tant de siècles, il y en a même aujourd'hui un si grand nombre, par suite des dépôts considérables qu'on en a découvert jadis ou récemment, que les monnaies du temps de Charlemagne sont cent fois, dit-on, plus rares que celles d'Auguste ou de Néron.

Parmi ces *monnaies anciennes*, *romaines* ou *grecques*, il en est qui représentent *Castor* et *Pollux*, coiffés du *pileus*, bonnet conique, figurant la moitié de la coquille de l'œuf de cigne dont ils étaient sortis.

D'autres ont pour type une *tortue*, en mémoire de Mercure, inventeur de la lyre; une *chouette*, oiseau consacré à Minerve; un vaisseau, en mémoire de ceux qui portèrent Janus et Saturne dans le *Latium*; des chars de triomphe, etc. etc., et on les nomme tortues, chouettes, ratites, biges, quadriges, etc.; celles de Darius et de Philippe sont nommés *dariques* et *philippes*; ainsi et de même nous avons des *florins*, des *chaises*, des *agnels*, des *carolus*, des *louis*, des *napoléons*.

Les *monnaies* des Gaulois, nos ancêtres, étaient moulées d'abord et puis frappées; elles étaient grossières et d'un goût barbare; quelques-unes avaient pour type une hure de sanglier sur un corps humain. Un taureau, des points ou quelques caractères celtiques peu connus, tenaient lieu de légende ou d'inscription. D'autres présentèrent un *cheval au galop* ou une *roue*, pour signifier peut-être la rapidité avec laquelle il convient de faire circuler le numéraire.

César, maître des Gaules, ayant conservé à plusieurs villes et contrées le droit de battre monnaie, on en vit alors à *légende romaine*.

Les monnaies des Francs, des Bourguignons, des Goths, etc., ne furent que des imitations des monnaies du Bas-Empire; les premiers rois des Francs en firent fondre une assez grande quantité pour en faire frapper à leurs coins, qu'ils nommèrent sol ou sou, de *solidus*, qui, au figuré, signifie *effectif, stable.*

Le sou d'or, au titre de 965 millièmes, pesait un peu plus de 83 grains, et vaut 15 de nos francs; on avait des demi et des tiers de sou.

Il paraît que, dans le principe, on coulait la matière en gouttes ou lentilles, et que tout simplement on frappait sur le poinçon un grand coup de maillet, ce qui les faisait éclater sur les bords. Puis on tailla au hasard les plaques de métal, sauf à les rogner ensuite pour les ramener au poids légal.

En 1515, au temps de François Ier, l'art monétaire avait encore fait bien peu de progrès, mais à compter de cette époque, il se releva peu à peu, et il est arrivé successivement au point de perfection où nous le voyons aujourd'hui, surtout par les médailles de notre époque qui font l'ornement des cabinets publics et privés.

Les nouvelles monnaies de France sont composées, comme les anciennes, d'un mélange d'or, d'argent et de cuivre.

Le *titre* règle la valeur des matières d'or et d'argent, et on entend par *titre* le degré de *fin*.

L'or est réputé *fin* à 5 millièmes d'alliage, et l'argent à 20 millièmes.

Le *titre* des monnaies d'or et d'argent est de 900 millièmes, ce qui indique cent millièmes d'alliage ; la tolérance en dessus ou en dessous est de 2 millièmes pour l'or, et 3 millièmes pour l'argent.

Le *titre* des monnaies de billon de 10 centimes est de deux dixièmes d'argent sur 8 dixièmes de cuivre, avec tolérance de 7 dixièmes ; les autres titres légaux sont, pour l'or, de 920, 840, 750 millièmes, et pour l'argent de 950 et 800 millièmes.

Le kilogramme d'or monnayé vaut 3100 francs, c'est-à-dire que 900 grammes d'or pur valent 3100 francs (l'alliage ne comptant pour rien), ce qui donne pour 1 gramme $\frac{3100}{900}$ ou 3 fr. 444.

Au change des monnaies, le kilogramme est payé 3434 fr. 44.

Le kilogramme d'argent pur vaut 222 fr. 222.

Au change, il est payé 218 fr. 888.

L'unité des monnaies est le *franc* divisé en *cent centimes*, de telle sorte qu'avec les monnaies nouvelles on peut effectuer facilement toutes sommes quelconques, ce qui était souvent embarrassant avec les anciennes monnaies, vu que la livre tournois et les deniers n'étaient que fictifs.

TABLEAU DES MONNAIES NOUVELLES

AVEC LEUR POIDS ET LEUR DIAMÈTRE OU LARGEUR.

Pièce de 40 francs, POIDS 12,9032. LARGEUR 26 millim.
Pièce de 20 francs, ——————— 6,4516. ——————— 21

Pièce de 5 fr. ——————— 25,00 ——————— 37
    2   10,00   27
    1   5,00   23
    0   50 c.   2,50   18
    0   25   1,25   15

En billon, pièce de 10 centi. —— 2,00 ——————— 19

Pièce de 0   10 ——————— 20,00 ——————— 5:
    0   05   10,00   27
    0   01   2,00   18

POUR 1 KILOGRAMME PESANT IL FAUT :

En cuivre,	En billon,	En argent,	En or,
5 *fr.*	50 *fr.*	200 *fr.*	3100 *fr.*

NOTA. De ce Tableau suit qu'*un kilogramme* d'argent *est à* un kilogramme d'or *comme* 200 est à 3100, ou comme 2 est à 31.

Les autres rapports sont également faciles à établir, en cas de besoin.

CENT FRANCS PÈSENT :

En cuivre,	En billon,	En argent,	En or,
20 *kilogram.*	2 *kilos.*	5 *hecto.*	32 *gram.* 258.

Les monnaies nouvelles, rattachées au système métrique décimal, par leur division de dix en dix, par leurs poids et par leurs dimensions, il en résulte que les sommes numéraires doivent être écrites en chiffres, suivant les principes de la numération décimale, comme les autres nombres métriques ;

Et qu'au moyen de la combinaison de diverses pièces, on peut reproduire assez exactement le mètre et ses divisions, le kilogramme et les autres poids.

Ainsi, par exemple, la pièce de 20 francs en or, ayant 21 millimètres de largeur, trente-quatre de ces pièces alignées donneraient une longueur de 714 millimètres ; et en plaçant à la suite onze pièces de 40 francs, qui ont chacune 26 millimètres de diamètres, on aurait 286 millimètres qui, réunis à 714, donneraient 1 mètre de longueur ; 2 pièces de 2 francs et 2 pièces d'un franc donneraient 1 décimètre.

De même, 27 pièces de 5 francs, à 37 millimètres chacune de largeur, donneraient encore 1 mètre de longueur à 1 millimètre près, en moins qu'il serait facile d'évaluer et d'ajouter à cette ligne, en prenant la différence qui existe dans la largeur des pièces de 2 fransc et de 40 francs.

On peut s'assurer enfin qu'une pile de deux cents francs, en pièces de 5 francs, a un décimètre de hauteur à bien peu près, et qu'elle pèse 1 kilogramme.

On trouvera dans les instructions sur les poids un tableau (n° 14) qui présente des combinaisons de poids en monnaies de 1 gramme à 5 kilogrammes.

Les monnaies anciennes qui existaient en 1830, et qui ont été refondues depuis, consistaient en pièces de 48 et 24 livres en or ; en écus de 6 et de 3 livres en argent ; en pièces de 24 et de 12 sous, aussi en argent ; en monnaie grise ou de billon de 6 liards; en sous et liards de cuivre.

Ces monnaies, du temps *des assignats*, étaient désignées sous le nom de *numéraire métallique*, *d'espèces sonnantes*.

Pendant les années les plus orageuses de la révolution, 30 milliards de *papier monnaie*, en assignats, bons, billets de confiance et mandats ayant été mis en circulation, on trouvera dans le tableau qui suit le mouvement de leur décroissance.

VALEUR D'OPINION,

ou

TABLEAU DE DÉPRÉCIATION DES ASSIGNATS ET MANDATS,

Pendant le temps de leur circulation, dans le département du Cantal, ou du 1ᵉʳ janvier 1791, jusques et compris le 6 thermidor an 4 (24 juillet 1796); arrêté par l'Administration Centrale, dans sa séance du 27 thermidor an 5.

Le créancier recevra en numéraire, pᵣ 100 livr. en assignats:

ÉPOQUES	Janvier.	Février.	Mars.	Avril.	Mai.	Juin.	Juillet.	Août.	Septem.	Octobr.	Novem.	Décem.
1791	100	100	98	97	96	95	94	94	92	91	91	90
1792	84	80	76	76	72	72	72	72	78	78	78	78
1793	66	66	66	60	60	50	42	42	42	45	50	60
1794	50	50	50	46	42	42	42	40	36	36	33	30
			20 prem. jours									
1795	30	28	26									

Le créancier recevra 24 livres numéraire pour

AN 3.	Germinal.	Floréal.	Prairial.	Messidor.	Thermidor.	Fructidor.	Vendémiair an 4.	Brumaire.	Frimaire.	Nivôse.	Pluviôse.	Ventôse.
Prem. décade	100	130	220	300	400	600	800	1300	2500	3500	4200	5300
Deux. décade	125	150	260	300	450	675	920	1550	2700	3700	4500	5600
Trois. décade	110	180	300	300	500	700	1000	2200	3000	4200	5000	6000

Cours des promesses de Mandats, du 1ᵉʳ germinal au 6 thermidor an 4.

Le Créancier recevra, pour 100 livres Mandats:

	Germinal.	Floréal.	Prairial.	Messidor.	Thermidor, 6 premiers jours.
Du 1 au 5 —	90	20	25	16	8 livr.
Du 5 au 10 —	80	20	20	16	
Du 10 au 15 —	60	18	18	15	
Du 15 au 20 —	55	25	12	15	
Du 20 au 25 —	20	45	20	12	
Du 25 au 30 —	20	40	20	10	

NOTA. Pour chacun des six jours complémentaires de l'an 3, pour 24 livres numéraire 700 livres.

Réduction de la Livre tournois *en Francs* et réciproquement.

Le gramme est égal à 18 grains anciens 82715 cent mil‑
lièmes.

Le franc pèse 5 grammes ou 94 grains 13575 cent millièmes.
avec un dixième d'alliage qui, retranché de ce poids, donne pour
le franc, en argent fin, 84 grains 722175.

D'autre part, ayant été reconnu que la livre tournois ne con‑
tenait en argent fin que 83 grains 67593, il suit *qu'un grain*
argent fin vaut en Francs $\frac{1}{84,722175}$, et en livres tournois $\frac{83,67593}{1}$.

Ces deux fractions, égales à *un grain d'argent fin*, sont donc
égales entr'elles, et comme leur égalité n'est pas troublée par la
multiplication de leur numérateur par le même nombre, il s'en‑
suit que $\frac{83,67593}{83,67593}$ ou 1 livre tournois sera égale à $\frac{83,67593}{84,722175}$, division
qui donne en Francs 0'987650945, d'après lequel *rapport* on
trouve que 81 livres tournois valent 79 fr. 9997, valeur qui,
d'après la loi du 26 vendémiaire an 8, a été portée à 80 francs.

Le franc étant égal à $\frac{84,722175}{83,67593}$, ou à 1'012500346, on a pour
cent francs 101 livres tournois et 5 sous ou 25 centimes.

C'est d'après ces *rapports*, en vertu de la loi précitée, et con‑
formément à l'arrêté de l'administration centrale du Cantal, du
16 brumaire an 8, que les Tables de Réduction qui suivent ont
été composées. Si, par leur moyen, on avait à réduire, par
exemple, 3798 livres 15 sous 6 deniers, il faudrait prendre sur
la première,

Pour 3 fr., 2.96296, ce qui donnerait pour 3000, ci   2962'96;
De même, pour 700, on aurait ——————————— 691 56;
Pour 90 fr., ————————————————————— 88 88;
Pour 8 fr., ————————————————————— 7 99;
Pour 15 sous, sur la deuxième table, ci ——————— 0 75;
Pour 7 deniers, sur la troisième table, ci ——————— 0 05;

Et pour Réduction totale, on aurait ————— 575, 88.

Les 15 sous 7 deniers reviennent à 78 centimes.

En multipliant donc les 3798 liv. 78 par le *rapport* 0,987654321,
on obtiendrait à très-peu près le même résultat.

TABLES DE RÉDUCTION *des Livres Tournois en Francs* **et vice versa.**

LIVRES.	FRANCS.	FRANCS.	LIVRES ET DÉCIMALES.
1	0,987654321	1	1,012500346
2	1.975308642	2	2,025000692
3	2,962962963	3	3,037501038
4	3.950617284	4	4,050001384
5	4,938271605	5	5,062501730
6	5,925925926	6	6,075002076
7	6,913580247	7	7,087502422
8	7.901234568	8	8,100002768
9	8,888888889	9	9,112503114

TABLES DE RÉDUCTION *des Sous en Centimes.*

SOUS.	CENTIMES.	SOUS.	CENTIMES
1	5	11	55
2	10	12	60
3	15	13	65
4	20	14	70
5	25	15	75
6	30	16	80
7	35	17	85
8	40	18	90
9	45	19	95
10	50	20	100

TABLES DE RÉDUCTION *des Deniers et Centimes.*

DENIERS.	CENTIMES.	CENTIMES.	DENIERS.
1	0	7	3
2	1	8	3
3	1	9	4
4	2	10	4
5	2	11	5
6	3	12	5

NOTICE

SUR LES MESURES TEMPORAIRES OU DE DURÉE.

Il est naturel de penser que les premiers hommes *mesurèrent* le temps par jours et par nuits, qu'ils divisèrent suivant le lever, le midi et le coucher du soleil.

L'apparition de la lune, son plein, son déclin et ses retours périodiques, également manifestes et remarquables, dûrent les engager à compter ensuite par époques lunaires de vingt-huit jours, qu'ils divisèrent en quatre périodes de 7 jours.

3, 6, 12 Lunaisons ou mois formèrent l'année.

Telles furent, dès l'origine, les *Mesures temporaires* qui sont parvenues jusqu'à nous avec des modifications opérées par suite des progrès successifs de l'astronomie.

Les révolutions lunaires, mieux observées, donnèrent à l'année 12 fois 29 jours et demi, ou 354, qu'on porta ensuite à 355 jours et à douze fois 30 ou à 360 jours.

Le cours *apparent* du soleil ayant de même fixé l'attention des premiers observateurs, ils reconnurent bientôt que ses révolutions excédaient l'année *lunaire*, et qu'il devait être le régulateur suprême pour la détermination précise des heures ou parties du jour, des mois, des saisons et de l'année.

Après diverses variations, enfin *Callipe* vint, qui le premier donna à l'année 365 jours et un quart. C'est aussi à ce grand astronome que remonterait l'*almanach* grec, tableau indicatif de l'ordre et de la suite des jours, des mois et des saisons, que les Romains eurent plus tard, et nommèrent *Calendrier*, de *calenda*, nom du premier jour de chacun de leurs mois.

Le jour *astronomique*, intervalle de temps que le soleil emploie à revenir au méridien, est le même pour tous les peuples de la terre.

Sa durée, qui varie quelque peu dans le cours de l'année, est de 24 *heures* à peu près, terme moyen, division qui remonte à une haute antiquité.

Les premiers *horaires* furent des horloges d'eau qu'on nomma *clepsydres*; puis on eut des *cadrans solaires*, apportés de la Chaldée en Grèce, par *Anaximandre*, de Milet, disciple et successeur de *Thalès*, fondateur de la secte ionique.

C'est à un Auvergnat, au grand *Gerbert* devenu pape, né à Aurillac ou aux environs, vers le milieu du neuvième siècle, le plus grand mathématicien de son temps, savant astronome, mécanicien habile, que serait due la première *horloge à Roue*, découverte qui seule lui méritait un monument que la ville d'Aurillac s'est empressée de lui accorder. (*On peut voir à l'hôtel-de-ville le portrait en pied de cet illustre pontife, exécuté par un élève de David en* 1819.)

L'année de *Romulus* était composée de dix mois seulement ; savoir : *mars, avril, mai, juin, quintille* ou cinquième, *sextille* ou sixième, *septième, huitième, neuvième et dixième.*

Numa ajouta *janvier* et *février* à l'année de *Romulus*, qui fut dès-lors composée de 355 *jours lunaires.*

Jules César, vers l'an 45 avant J.-C., par le conseil de *Sosigène*, savant astronome, ajouta dix jours et 6 heures à l'année de *Numa*, qui eut ainsi 365 jours et 6 heures dont on forma *un jour* à ajouter au bout de quatre ans, qu'on nomme *bis sexto calendas*, d'où nous est venu le mot *bissextile* ; alors on donna les noms de *Julius* et d'*Augustus* aux mois *quintille* et *sextille* ; nous en avons fait *juillet* et *août.*

Les mois des Romains furent consacrés :

Janvier à Junon, *février* à Neptune, *mars* à Minerve, *avril* à Vénus, *mai* à Apollon, *juin* à Mercure, *juillet* à Jupiter, *août* à **Cérès**, *septembre* à Vulcain, *octobre* à Mars, *novembre* à Diane, *décembre* à Vesta.

La révolution périodique de la terre ou l'année *sidérale* est de 365 jours 6 heures 9 minutes 10 secondes.

Notre *année civile*, qui se compte par le temps qui s'écoule entre l'*équinoxe* d'une année et l'*équinoxe* de la même saison de l'année suivante, est de 365 jours 5 heures 48 minutes 37, 45 ou 48 secondes ; cette année étant ainsi plus courte que l'année *romaine* ou *julienne*, il en résulta qu'en 1582 les *nouvelles lunes* devancèrent de 4 jours les indications du calendrier, et que l'*équinoxe* du printemps, fixé au 20 mars, arriva 10 jours plus tôt.

Une nouvelle réforme, devenue indispensable, eut donc lieu, d'après les ordres de *Grégoire* XIII ; de l'avis des plus savants astronomes, convoqués par ce pape justement célèbre, on compta à Rome le lendemain du 4 octobre pour le 15. En France , le 10 novembre suivant fut compté pour le 20.

A cette époque , les 365 jours furent départis en 7 mois de 31 jours ; savoir : *janvier, mars, mai, juillet, août, octobre, décembre*; en 4 mois de 30 jours qui sont : avril, juin, septembre et novembre; et en un mois de 28 jours qui est celui de *février*.

Pour aider la mémoire, on pourrait remarquer que les 7 mois de 31 jours sont les 1er, 3me, 5me et 7me *mois impairs*, suivant leur ordre ; plus les 3 *mois pairs* , 8, 10 et 12.

Des heures , minutes et secondes négligées , on forma *un jour* à ajouter au mois de février de chaque *quatrième année*, que les Grecs avaient nommée *penteteris*, et que nous appelons *bissextile*; les années 1832, 1836, 1840, 1844 (dont les deux derniers chiffres formant les nombres , 32, 36, 40, 44, sont exactement divisibles par 4) sont des années *bissextiles*.

De plus, comme les 5 heures 48 minutes 48 secondes ne donnent pas exactement un jour tous les 4 ans, pour atteindre toute la précision désirable il fut encore réglé que les centièmes années, à l'exception des quatrièmes centenaires, ne seraient pas *bissextiles*; et c'est pour cette raison que les années 1500, 1700, 1800, 1900, etc. (dont les deux premiers chiffres, formant les nombres 15, 17, 18, 19, ne sont pas exactement divisibles par 4) ne sont pas des années *bissextiles*, mais bien les années 1600, 2000, 2400, 2800, etc.

En France, le jour de Pâques (toujours fixé au premier dimanche qui vient après la première lune qui suit le 21 mars) était le premier jour de l'année; c'est d'après une ordonnance de *Charles* IX, du 19 décembre 1564, que ce jour est fixé au 1er janvier.

DIVISION DE L'ANNÉE CIVILE.

```
                                        1 minute vaut 60 secondes;
                         1 heure vaut 60        ou    3600 ;
               1 jour vaut 24       ou    1440    ou    86400.
         1 mois vaut 28, 29, 30 ou 31 jours.
 Années  ( ordinaire  12 mois ou 365   ou    8750   ou   525600 ou  31536000;
         ( bissextile 12 mois ou 366   ou    8784   ou   527040 ou  31622400.
```

Les autres durées temporaires sont le *siècle*, composé de cent années, et le *lustre*, poétiquement parlant, qui renferme cinq années.

Il paraît enfin que le mois conventionnel ou du *commerce* serait de 30 jours, et l'année de 360 jours.

Au Calendrier *Grégorien*, parfait autant que possible, fut substitué le Calendrier *Républicain*, par décret du 5 octobre 1792. D'après ce décret, la *première année* de la république française commença à minuit, 22 septembre 1792.

La deuxième année commença le 22 septembre 1793, à minuit, l'équinoxe vrai d'automne étant arrivé, pour l'observatoire de Paris, à 3 heures 7 minutes 19 secondes du soir.

L'année fut divisée en douze mois égaux de 30 jours, suivis de 5 jours *complémentaires*; les noms de ces mois étaient *vendémiaire, brumaire, frimaire,* nivôse, pluviôse, ventôse, *germinal, floréal, prairial,* messidor, thermidor, fructidor.

Chaque mois fut divisé en trois décades de 10 jours, nommés *primidi*, *duodi*, *tridi*, *quartidi*, *quintidi*, *sextidi*, *septidi*, *octidi*, *nonidi* et *décadi*.

La période de 4 ans fut appelée *franciade* ; l'année recevant le jour intercalaire fut nommée *sextile*, par décret du 19 brumaire an 2.

Le jour de minuit à minuit fut divisé en dix parties ou heures, l'heure en dix minutes, et ainsi de suite, *jusqu'à la plus petite portion commensurable de la durée*.

Le Calendrier *Républicain*, qui avait commencé le 22 septembre 1792, finit le 31 décembre 1806 ; de sorte, qu'en vertu du décret impérial du 24 fructidor an 13, la reprise du Calendrier *Grégorien* eut lieu à compter du 1er janvier 1806.

Concordance Particulière
DU CALENDRIER GRÉGORIEN
Avec les 10 premiers et les 5 derniers jours de l'an 1er de la République.

SEPTEMBRE 1792.		1re DÉCADE DE VENDÉMIAIRE, An 1er de la République.	
Samedi	22 St. Maurice	1 Primidi	Raisin.
Dimanche	23 Ste. Thècle	2 Duodi	Safran.
Lundi	24 St. Audoche	3 Tridi	Châtaigne.
Mardi	25 St. Cléophas	4 Quartidi	Colchique.
Mercredi	26 Ste. Justine	5 Quintidi	Cheval.
Jeudi	27 SS. Come et Damien	6 Sextidi	Balsamine.
Vendredi	28 St. Céran	7 Septidi	Carotte.
Samedi	29 St. Michel	8 Octidi	Amaranthe.
Dimanche	30 St. Jerôme	9 Nonidi	Panais.
Octobre Lundi	1 St. Rémi	10 Décadi	Cuve.

SEPTEMBRE 1793.		JOURS COMPLÉMENT. DE L'AN 1er	
Mardi	17 St. Cyprien	1 Primidi	Fête de la vertu.
Mercredi	18 St. Ferréol	2 Duodi	Fête du génie.
Jeudi	19 St. Janvier	3 Tridi	Fête du travail.
Vendredi	20 St. Eustache	4 Quartidi	Fête de l'opinion.
Samedi	21 St. Mathieu	5 Quintidi	Fête des récompenses.

Concordan[ce]

DU CALENDRIER RÉPUBLIC[AIN]

Pour les premiers de chaque mois de Vendémiaire, Brum[aire]

ANNÉES de la République.	Vendémiaire. Septembre.	Brumaire. Octobre.	Frimaire Novembre.	Nivôse. Décembre.	Pluviôse. Janvier.
1	22 — 1792	22	21	21	20 — 1793
2	22 — 1793	22	21	21	20 — 1794
3	22 — 1794	22	21	21	20 — 1795
4	23 — 1795	23	20	22	21 — 1796
5	22 — 1796	22	21	21	20 — 1797
6	22 — 1797	22	21	21	20 — 1798
7	22 — 1798	22	21	21	20 — 1799
8	23 — 1799	23	22	22	21 — 1800
9	23 — 1800	23	22	22	21 — 1801
10	23 — 1801	23	22	23	21 — 1802
11	23 — 1802	23	22	23	21 — 1803
12	24 — 1803	24	23	23	22 — 1804
13	23 — 1804	23	22	22	21 — 1805
14	23 — 1805	23	22	22 (*)	21 — 1806
15	23 — 1806	23	22	22	21 — 1807
16	24 — 1807	24	23	23	22 — 1808
17	23 — 1808	23	22	22	21 — 1809
18	23 — 1809	23	22	22	21 — 1810
19	23 — 1810	23	22	22	21 — 1811
20	24 — 1811	24	23	23	22 — 1812
21	23 — 1812	23	22	22	21 — 1813
22	23 — 1813	23	22	22	21 — 1814

(*) 31 Décembre 1805, fin du Calendrier Républicain.

mérale

EC LE CALENDRIER GRÉGORIEN

de l'an 2 (22 septembr. 1793) en l'an 23 (23 septemb. 1814).

entôse. évrier.	Germinal. Mars.	Floréal. Avril.	Prairial. Mai.	Messidor. Juin.	Thermidor. Juillet.	Fructidor. Août.	Cinquième jour complement. Septembre.
19	21	20	20	19	19	18	21
19	21	20	20	19	19	18	21
19	21	20	20	19	19	18	22
20	21	20	20	19	19	18	21
19	21	20	20	19	19	18	21
19	21	20	20	19	19	18	21
19	21	20	20	19	19	18	22
20	20	21	21	20	20	19	22
20	22	21	21	20	20	19	22
20	22	21	21	20	20	19	22
20	22	21	21	20	20	19	23
21	22	22	21	20	20	19	22
20	22	21	21	20	20	19	22
20	22	21	21	20	20	19	22
20	22	21	21	20	19	19	23
21	22	21	21	20	20	19	22
20	22	21	21	20	20	19	22
20	22	21	21	20	20	19	22
20	22	21	21	20	20	19	23
21	22	21	21	20	20	19	22
20	22	21	21	20	20	19	23
20	22	21	21	20	20	19	22

NOTICE
SUR LES MESURES ITINÉRAIRES.

On désignait autrefois les *distances* d'un lieu à un autre, certaines *longueurs* ou *espaces* de chemin, par les mots *lieue* ou *mille* ; ces distances paraîtraient avoir été fixées d'après le chemin qu'on pouvait parcourir à pied ou à cheval dans une *heure* de temps.

On avait encore pour mesure le pas ordinaire, qui était de deux et pieds demi de longueur, et le pas géométrique de cinq pieds.

Les *lieues* et les *milles* variaient, suivant les provinces, comme les autres classes de mesure, et pouvaient donner lieu à des mécomptes, quand elles n'étaient pas clairement exprimées. Ainsi, par exemple, la *lieue terrestre* de vingt-cinq au degré était de 2283 toises lorsqu'on supposait le degré terrestre de 57 mille 75 toises ; cette lieue n'était plus que de 2282 toises lorsqu'on ne donnait au degré que 57 mille 50 toises.

De même, la *lieue marine* de 20 au degré variait dans la même proportion de 2852 à 2853 toises. On connaissait encore la *lieue moyenne* de 2567 toises et quart, terme moyen, en effet, entre la *lieue terrestre* et la *lieue marine* ;

La *lieue de poste*, de 2000 toises;

La *grande lieue* de poste, de 2400 toises;

La *lieue* de Languedoc, de 3333 toises ;

Les *milles* anglais, de 910 et 1040 toises ;

Les *milles* d'Allemagne, de 2000 et de 4116 toises;

Le *mille* romain, de 833 toises;

La *lieue* des anciens Gaulois, de 1250 toises, etc., etc.

En donnant à la circonférence de la terre 20 millions 522 mille 970 toises de longueur, qui a servi à la fixation du mètre, la trois cent soixantième partie ou degré serait de 57 mille 8 toises 222 millièmes, ce qui donnerait, pour la longueur de la *lieue* de 25 au degré, 2280 toises un tiers.

Pour la *lieue marine* de 20 au degré, 2850 toises 411 millièmes.

Et pour la *lieue moyenne*, 2565,37 centièmes.

Toutes ces *mesures itinéraires*, ainsi qu'on les nomme aujourd'hui, doivent être exprimées en *myriamètres*, dixième partie du degré décimal; en *kilomètres*, centième partie de degré et en *mètres*.

Le Myriamètre est égal à 5130 toises 740, ou à 2 lieues moyennes, à peu près.

Le *Lieue* de 2280 toises 1/3 vaut en kilomètres ———— — 4 k. 4444;
Le Kilomètre vaut en dite lieue ———— ——————— 0 l. 225.
La *Lieue Marine* de 2850 toises 41 vaut en kilomètres 5 k. 555;
Le Kilomètre vaut en lieue marine ——————————— 0 l. 18.

La *Lieue Moyenne* de 2565 toises 37 centièmes, égale à peu près au *parasange* et au *farsange* des Orientaux,

Vaut en Kilomètres, ci ————— ——————————— 5 k. 0;
Le Kilomètre vaut en lieue moyenne ——————————— 0 l. 20.
Enfin la *Lieue de Poste* de 2000 toises vaut en kilomètr. 3 k. 89807;
Le Kilomètre vaut en lieue de poste ——————————— 0 l. 25654.

MESURES TOPOGRAPHIQUES.

Les mesures *topographiques* ou de *superficie*, pour les vastes territoires étaient exprimées jadis en lieues carrées.

Ainsi la lieue carrée de 2000 toises de longueur, avait pour *surface* 4 millions de toises carrées, revenant en mètres carrés à 15194970.

La lieue carrée de 2280 toises 33 avait 5199905 toises carrées de *surface*, égales en mètres carrés à 19753090.

Et enfin la *lieue moyenne* carrée de 2565 toises 37 centièmes revenait en toises carrées à 6581123,2369 , et en mètres carrés à 24999992,78 , équivalant à 25 millions de mètres carrés, à très-peu près.

Les grandes surfaces doivent être exprimées aujourd'hui en myriares et kilares, ou mieux en *kilomètres* et en *myriamètres carrés* , expressions bien différentes , qu'il serait dangereux de confondre.

Il faut donc bien comprendre :

1° Qu'un *kilomètre carré* vaut 1000 multipliés par 1000 , ou 1 million de mètres carrés, égaux à 100 hectares 00 ares 00 centiares ;

2° Qu'un *myriamètre carré* vaut 10000 multipliés par 10000, ou cent millions de mètres carrés , revenant en hectares à 10000 hectares 00 ares 00 mètres carrés , tandis qu'un *myriare* et un *kilare* ne valent que 10 mille et mille ares.

La lieue de poste carrée de 2000 tois. v. en kil^{tres} carrés 15 k. 194970
Le kilomètre carré vaut en dites lieues carrées —— 0 , 0065811
La lieue carrée de 2280 toises 33 vaut en kilom^{tres} carrés 19 k. 753090
Le kilomètre carré vaut en dites lieues carrées ——— 0 , 050625
La lieue moyenne carrée de 2565 tois. 37 v. en *id.* —— 25 k. 000000

Quatre de ces lieues moyennes sont donc égales à 100 kilomètres carrés, ou à 1 myriamètre carré ; le kilomètre carré vaut donc en dites lieues 0,04.

DIVISION DU MÉRIDIEN TERRESTRE.

La circonférence de la terre était jadis évaluée à 20 millions 538 ou 547 mille toises, qu'on divisait en 360 parties ou degrés ; aujourd'hui cette circonférence , mesurée du nord au sud, a été trouvée de 20522960 toises , ou de 40 millions de mètres, et se divise en *quarts* , chaque *quart* en cent *degrés*, le degré en cent

minutes, la minute en cent *secondes*, la seconde en cent *tier-*
ces, etc. , etc.

Le quart du méridien est de 10000000 mètr. ou de 1000 *myriamètres;*
Le degré décimal est de ———— 100000 mètr. ou de —— 10 *myriamètres;*
La minute ou centième du degré 1000 mètr. ou de ·—— 1 *kilomètres;*
La seconde, centième de minute, 10 mètr. ou de ·—— 1 *décamètre;*
La tierce est de ——————————— 0,1 décimètre , 1 *décimètre;*
La quarte est de ·——————————— 0,001 millim. , 1 *millimètre.*

D'après cette échelle, on voit que l'on doit écrire :

Pour 8 degrés 15 minutes, ci ———— 8,°15';

Pour 25 degrés 9 minutes 7 secondes 25,°09'07".

D'où il suit que pour 6 degrés 45 minutes 70 secondes on peut très-bien dire 6 degrés 457 millièmes de degré ; ainsi des autres.

360 Degrés anciens valent 400 degrés décimaux ; il s'ensuit que

1 Degré ancien vaut $\frac{400}{360}$ ou ci ———————— ————— 1,1111;
3 Degrés anciens valent 3 fois un degré décimal ou ci 3,3333;
12 Degrés valent 12 fois un degré décimal ou ci ———— 13,3332;
25 Degrés valent donc aussi en degrés décimaux , ci 27,777.

De même on aurait la transformation d'un nombre quelconque de degrés anciens en degrés nouveaux.

D'autre part ; 400 degrés décimaux valent 360 degrés anciens ;
1 degré décim. v. donc $\frac{360}{400}$ ou 0,9 neuf dixièmes d'un degr. ancien
2 Degrés valent ———————— 1,8 ;
10 Degrés valent ———————— 9,0 ;
30 Degrés valent ———————— 27,0. Ainsi des autres.

Un dixième de degré ancien revenant en minutes à $\frac{1}{10}$ de $\frac{60}{1}$, ou $\frac{60}{10}$, ou 6 minutes, on aurait pour valeur du degré décimal 54 minutes anciennes.

Telles sont les bases d'après lesquelles on peut s'exercer à faire toutes conversions nécessaires de degrés anciens en degrés nouveaux et réciproquement.

DIVISION DE LA CIRCONFÉRENCE DU CERCLE.

Le Cercle était autrefois divisé en 360 parties, comme la circonférence de la terre ; le quart du cercle revenait donc à 9o degrés.

Aujourd'hui le cercle est divisé en 400 parties, ce qui donne deux cents degrés pour le demi-cercle, et cent degrés pour le quart ou *quadrant*.

Le degré est divisé en 100 minutes, la minute en 100 secondes, etc.

Il suit de cette division que, pour la conversion des degrés anciens et nouveaux du cercle, on pourra faire l'application de ce qui a été exposé dans le chapitre précédent.

NOTICE
SUR LES MERURES OU DEGRÉS BAROMÉTRIQUES.

Le Baromètre, que la pression de l'air met en jeu, et qui donne ainsi la *mesure* de l'état de l'atmosphère, est un instrument si généralement répandu et si simple quant à sa composition, qu'il serait superflu d'en donner ici la description. Qu'il suffise donc de faire remarquer que *son échelle* et son *champ d'observation*, (qui varie suivant les climats et les positions plus ou moins élevées au-dessus du niveau des mers) divisés jusqu'à ce jour en pouces et en lignes ou degrés, pourraient très-bien devenir *métriques décimaux* en les divisant en *décimètres, centimètres* et en *millimètres* ou *degrés nouveaux*.

Au reste, ceux qui n'auraient pas des idées bien précises sur l'origine et sur l'importance de cet instrument, qu'ils interrogent néanmoins quelquefois, mais dont les oracles sur la pluie et le beau temps ne se réalisent pas toujours, liront peut-être avec quelque intérêt les notes suivantes, qui remontent à une époque bien reculée, mais qui n'en seront pas moins très-laconiques.

Il convient d'abord de ne pas ignorer, que malgré l'opinion et l'autorité d'*Aristote*, qui florissait près de 400 ans avant notre ère;

Malgré l'épreuve qu'il provoqua, qu'on trouvera sans doute aussi simple que décisive, puisqu'elle consistait seulement à *peser une vessie vide d'abord et puis pleine d'air*, on ne soutint pas moins de son temps, et long-temps après avec une certaine opiniâtreté, que *l'air n'avait pas de poids, qu'il était léger;* — que *l'air* resta en possession de cette propriété usurpée pendant des siècles; — que sa pesanteur même admise, pendant long-temps encore on chercha vainement des preuves et des démonstrations; — et qu'enfin ce n'est qu'à une époque peu éloignée de nous que ce problème de la *pesanteur* plus ou moins grande de *l'air atmosphérique qui nous environne* a été complètement résolu.

On rapporte donc que des artistes italiens, fabricants de pompes aspirantes, trompés dans leurs résultats et se trouvant dans l'impuissance de rectifier et de perfectionner leurs appareils, se déterminèrent enfin à consulter *Galilée*, mathématicien alors célèbre, qui, en effet, les tira d'embarras; qu'à ce sujet, ce grand astronome, créateur en même temps de la physique expérimentale, ayant profondément réfléchi sur la *cause* qui pouvait produire l'ascension de l'eau dans les *pompes aspirantes*, était sur le point, sans doute, de mettre au jour cette découverte lorsque la mort vint le frapper au commencement de 1642.

Que dès 1643, *Toricelly*, disciple de *Galilee*, inventeur lui-même ou héritier des idées de son maître, ayant calculé ou considéré que la *cause* inconnue, qui dans les pompes aspirantes élève l'eau à 32 pieds de hauteur, ne *devrait élever le mercure*, par exemple, qu'à une hauteur 14 fois moindre, puisqu'il pesait environ 14 fois plus que l'eau, *imagina* à cet effet de prendre un *tube de verre de quatre pieds de longueur*, fermé hermétiquement d'un côté; de le remplir de mercure et de boucher son orifice exactement avec le doigt. Ayant ensuite dressé verticalement ce tube au-dessus d'une petite cuvette contenant aussi une certaine quantité de *mercure* dans lequel il plongea *l'orifice du tube*, puis enfin ayant retiré son doigt, ses prévisions furent parfaitement accomplies; car il vit aussitôt, avec la plus vive satisfaction, une partie du *mercure* se précipiter dans la *cuvette*, tandis que l'autre partie demeura suspendue dans le *tube*, à une hauteur de 27 à 28 pouces.

Cette expérience, d'un grand intérêt en physique, mais qui ne prouvait pas encore directement la *pesanteur de l'air*, parvint à Paris en 1644, et, peu d'années après, cette *pesanteur* fut enfin victorieusement démontrée par les fameuses expériences de *Paschal*, faites à *Rouen*, à Clermont et sur le Puy-de-Dôme, puis répétées à Paris, sur les Tours de Notre-Dame, et autres points les plus élevés de la capitale.

La *pesanteur de l'air* devenue désormais incontestable, il ne restait qu'un pas à faire pour reconnaître que l'air est plus ou moins pesant en raison de sa *dilatation* ou de sa *condensation*; pour remarquer qu'au lieu de demeurer *stable*, la colonne de *mercure* s'allonger dans le *tube* de *Toricelly* ou se raccourcit, suivant les variations de l'atmosphère : et cette nouvelle découverte fut faite à Magdebourg, par *Otto de Guerikue*.

Entre les mains de cet habile observateur, auquel on doit la machine pneumatique, le *tube* de *Toricelly* devint un instrument météorologique, et le *baromètre* fut inventé.

En portant un *baromètre* à différentes hauteurs, la colonne d'air tombant sur le mercure de la cuvette diminue évidemment de longueur, elle exerce donc une pression d'autant moindre, ce qui occasionne la descente du mercure dans la cuvette. Par la même raison, le mercure s'abaisse dans la cuvette et remonte dans le *tube* à mesure qu'on porte l'instrument à diverses profondeurs, et, d'autre part, comme l'air *humide* est plus léger que l'air *sec*, le *baromètre* peut donc servir à deux fins, savoir à *mesurer* les hauteurs et les profondeurs, à partir du niveau de la mer, et à *indiquer* l'état plus ou moins humide de l'atmosphère, d'où l'on peut inférer quelques probabliités, du moins, de pluie ou de temps serein.

Le *mercure*, quatorze fois environ plus pesant que l'eau , s'élève à Paris, dans le *tube* de *Toricelly* ou du *baromètre simple*, qui au fait est le meilleur, à une hauteur moyenne de 27 pouces et demi, revenant à 744 millimètres.

A Clermont, dans l'endroit le plus bas de la ville , d'après les expériences de *Paschal*, faites par M. Perrier son beau-frère , le 19 novembre, 1648 le mercure s'éleva à 26 pouces 3 lignes et demi, et sur le sommet du Puy-de-Dôme, plus élevé de 500 toises environ , à 22 pouces 2 lignes.

Vers la même époque, *Paschal* ayant dressé le long d'un mât, élevé sur l'une des places publiques de la ville de Rouen , *deux tubes* de quarante pieds de longueur, l'eau s'éleva dans l'un à 31 pieds et un neuvième, et le vin , dans l'autre, à 31 pieds deux tiers.

De ces expériences il résulte donc encore que l'élévation des liquides dans le *tube* de *Toricelly* est en raison de leur densité , de leur pesanteur spécifique.

Maintenant , et d'après ce qui précède , il est facile de comprendre qu'entre autres effets, c'est la *pression*, la *pesanteur* de l'air, qui retient l'eau des mers en état de *liquidité*, qui sans cette pression se résoudrait bientôt en état de *vapeurs*; qui pousse les humeurs vers la peau couverte par la *ventouse*; qui concourt à amener le lait dans la bouche de l'enfant qui tette ; qui procure des lassitudes , des hémorragies aux voyageurs aériens, ainsi qu'à ceux qui vont explorer le sommet des hautes montagnes;

Que c'est enfin à la *pression de l'air*, à sa pesanteur, que doivent être attribuées l'ascension de l'eau dans les *pompes aspirantes* et celle du mercure et autres liquides dans le *tube* de *Toricelly*.

Enfin, et en terminant. il nous a paru qu'il était encore utile de savoir qu'en général le *baromètre* est bas lorsque la pluie est sur le point de tomber, lorsqu'il doit faire de grands vents, du tonnerre , du mauvais temps;

Que le mercure s'élève lorsque le temps devient sec et serein;

Que le mercure se tient généralement plus haut l'hiver que l'été, le matin que vers midi;

Que les prédictions du *baromètre* ne sont à peu près infaillibles que lorsque le *mercure* monte ou descend de 3 ou 4 lignes, c'est-à-dire de 7 à 9 millimètres en quelques heures;

Et que que le *champ d'observation*, ou les variations du baromètre ne s'étend à *Paris* que du 26me pouce et trois quarts, à partir du niveau du mercure de la cuvette, au 28me et demi, ou, ce qui revient au même, de 724 millimètres à 772.

NOTICE
SUR LES MESURES OU DEGRÉS THERMOMÉTRIQUES.

Le *thermomètre* est un instrument moderne très-répandu, inventé pour indiquer les degrés de chaleur, en partant d'un point donné. S'il est loin encore de remplir sa destination, le *thermomètre* sert du moins assez efficacement pour régler la température des bains, des serres, des chambres de malades; pour comparer la chaleur des eaux thermales, des huiles, des graisses bouillantes, des métaux fondus; pour déterminer le degré de chaleur propre à faire éclore les vers à soie, les poulets, etc.

Les *mesures* ou degrés du thermomètre varient suivant les dimensions de cet instrument; mais on pourrait sans inconvénient les rendre décimaux sinon métriques, en divisant l'*échelle* en centièmes et en millièmes.

D'après une opinion assez générale, le premier thermomètre connu serait celui inventé par *Drebbel*, qui consistait en un *tube de verre* terminé par une petite boule creuse, dressé verticalement sur une planchette, la *boule en haut* et le petit *bout du tube ouvert* plongé dans une petite cuvette remplie d'eau ou d'un liquide coloré quelconque.

De cet appareil il résultait que l'air contenu dans la boule venant à s'échauffer ou à se refroidir, se dilatait ou se condensait, perdait ainsi ou acquerrait un plus grand volume, ce qui occasionnait l'ascension ou l'abaissement de la liqueur colorée dans le *tube*, et indiquait par conséquent des *degrés de chaleur* lorsque le liquide descendait au-dessous du terme moyen, et des *degrés de froid* lorsque le liquide s'élevait au-dessus de ce terme.

Le moyen de remédier à l'imperfection assez manifeste du thermomètre *Drebbel* occupa long-temps les meilleurs physiciens. D'abord les académiciens de *Florence* le modifièrent essentiellement en bouchant hermétiquement le *bout du tube*, et en le dressant verticalement, la *boule en bas* ; sa graduation restant d'ailleurs la même, il résultait de cet établissement qu'à l'inverse de celui de Drebbel l'ascension de l'esprit de vin dans le *tube* indiquait des degrés de *chaleur* et l'abaissement des degrés de *froid*.

On doit à *Halley*, savant astronome anglais, ami de Newton, au lieu d'esprit de vin ou de liquide coloré, l'emploi du *mercure*, ayant la propriété de se dilater ou de se condenser assez promptement, suivant la température de l'air ambiant ; du reste, son *thermomètre*, gradué à partir de la température de lieux souterrains, ou d'après le point de l'ébullition de l'esprit de vin, ne valait guère mieux que les précédents.

Farenheit échoua encore jusqu'à un certain point en prenant pour terme de son échelle, divisée en 600 parties, le point d'ébullition du mercure et le degré de froid de 1709, qui, réduit au thermomètre Réaumur, fut à Paris de 15 degrés et demi au-dessous du terme de congélation.

Enfin à *Newton* revient la gloire d'avoir fixé les termes de l'échelle thermométrique du point de *congélation* de l'eau au point de son *ébullition*, points fixes, invariables et partout uniformes.

Et à *Réaumur*, né à la Rochelle en 1683, à qui l'on doit le secret de la fabrication de la porcelaine et l'introduction en France de celle du fer blanc, etc., *reviennent* l'honneur et l'avantage d'avoir fécondé l'idée de *Newton*, et d'avoir inventé le *ther-*

momètre qui porte son nom, et qui est aujourd'hui le plus parfait et le plus généralement connu.

Le thermomètre Réaumur, analogue à celui de Florence quant à la forme, fut très-ingénieusement gradué par son auteur, qui procéda en commençant par déterminer le *rapport* de la capacité de la *boule* avec celle du *tube* de son instrument en expérience, puis par diviser le *tube* en parties indiquant chacune *une millième partie* du liquide contenu dans la boule, à partir du point où le liquide s'arrête dans le tube lorsque la boule est plongée dans la glace.

Le tube ainsi divisé, *Réaumur* ayant plongé la *boule* de son instrument dans l'eau bouillante, le liquide s'éleva dans le *tube* et s'arrêta à 80 millièmes de dilatation du liquide contenu dans la boule et dans le tube jusqu'à zéro; de sorte qu'en vertu de cette graduation, les *millièmes* de dilatation ou de condensation peuvent être considérés comme autant de *degrés* de chaleur ou de froid.

L'on conçoit maintenant que l'échelle thermométrique de *Réaumur* étant plus ou moins longue, suivant la proportion qui règne entre la capacité de la *boule* et celle du *tube*, les degrés ou les parties de cette échelle ne sauraient être *métriques*, ainsi qu'il a été dit, mais que l'on peut très-bien, pour toute espèce d'appareil, diviser en *cent parties* les *quatre-vingts* de *Réaumur;* et il paraît que c'est ce qu'on a pratiqué depuis quelque temps. D'après cette division nouvelle il suit donc que les *degrés centigrades*, comme on les a nommés, sont des *degrés de chaleur* qui valent chacun $\frac{80}{100}$, ou 8 dixièmes, en degrés Réaumur, qui sont des millièmes de dilatation du liquide contenu dans la *boule* et dans la partie du *tube* au-desous de *zéro*, tandis que les degrés Réaumur valent à leur tour $\frac{100}{80}$, ou en degrés centigrades 1,25.

De ce rapport il suit, par exemple, que 15 degrés Réaumur doivent correspondre à 15 fois 1,25 ou à 18 degrés centigrades 75 centièmes de degré; ainsi des autres et réciproquement.

TABLEAU
De l'Intérêt Légal à diverses époques.

ÉPOQUES.	TAUX DE L'INTÉRÊT Pour 100 fr. de capital.		
De ——— 1509 à mars ·—— 1576 le dixième ———	10ᶠ	0ˢ	0ᵈ
De mars —— 1576 à juillet -- 1601 le douzième ·———	8	6	8
De juillet—— 1601 à mars —— 1634 le seizième———	6	5	0
De mars —— 1634 à décemb. 1665 le dix-huitième ——	5	11	1,55
De décemb. 1665 à juin ·—— 1724 le vingtième ———	5	0	0
De juin ·—— 1724 à juin ·-—— 1725 le trentième ·———	5	6	8
De juin —— 1725 à juin ·—— 1766 le vingtième ·———	5	0	0
De juin ·—— 1766 à février - 1770 le vingt-cinquième	4	0	0
De février - 1770 au 3 sept. 1807 le vingtième ·-———	5	0	0
Loi du 3 septembre 1807 { Cinq pour cent—————— { Taux du commerce, 6 p. o/o	5 } sans retenue. 6 }		

INSTRUCTIONS
Sur le Calcul des Intérêts, avec tarif à la suite.

1°

Par l'avancement de la *virgule décimale* d'une place vers la gauche, on rend un nombre dix fois plus petit, on obtient le *dixième* de ce nombre ; or un *vingtième* est égal à la *moitié du dixième*, , il sera donc toujours facile de prendre le *vingtième* ou l'intérêt *cinq pour cent* d'un nombre quelconque.

En opérant de la sorte sur la somme —— 5791ᶠ 55ᶜ,
On aurait pour son dixième ——————— 579 155 ;
Et pour *vingtième*, ou intérêt 5 p. o/o par an   189 5765.

De même, avec un peu d'habitude, on trouverait sans hésitation ,

Pour intérêt 5 p. o/o de 58729,55 ,
ci -——— 2956,4675.

2°

Pour déterminer l'intérêt d'une somme quelconque à 6, 7, 8, 8, 9, etc. , pour *cent par an*, on pourrait considérer que l'intérêt *six*, par exemple, est d'un *cinquième* plus élevé que l'intérêt *cinq*; on calculerait donc l'intérêt à *cinq*, auquel on ajouterait son *cinquième* qui est le *double du dixième*.

3791 fr. 53 c. donnent à *cinq* 189f5765c; pour porter cet intérêt à six, on ajouterait le cinquième ou $\underline{37,9155}$.

  Et on aurait ci ———— 227f4918c.

Pour avoir l'intérêt à *sept*, on ajouterait *deux cinquièmes* à l'intérêt 5 p. 0/0; ainsi des autres.

Dans tous les cas, il est plus convenable de calculer l'intérêt d'une somme à un taux quelconque en *multipliant cet intérêt par le nombre de centaines que peut contenir le capital dont s'agit*. Ainsi, par exemple, la somme 53721 fr. 75 c. , décomposée en centaines par l'avancement de la *virgule décimale* de deux places vers la gauche, donne 537,2175.

L'intérêt de cette somme à 7 et quart, ou 7, 25 par an, sera donc de 7,25 multipliés par 537,2175; ou, ce qui revient au même, et pour abréger, on devra multiplier 537,2175 par 7,25, et on aura pour produit 3894826875, revenant à 3894,826875, ou simplement à 3894 fr. 83 c.

3°

Soit à calculer l'intérêt *cinq pour cent* de 4789 fr. 65 c. pour un an 5 mois 21 jours?

PREMIÈRE SOLUTION.

En prenant la *moitié du dixième* de 4789 fr. 65 c. , on aura 239 fr. 4825 pour l'intérêt d'un an, à 5 p. 0/0.

Puis on dira : Puisque pour un an ou 360 jours on a pour intérêt 239 fr. 4825, pour 5 mois 21 jours ou 171 jours on aura évidemment 239,4825 multipliés par 171, dont on divisera le produit par 360.

Opération.

Multipication { 239,48
{ 171,

```
        239 48
     16763 6
      23948
    ____________
    40951,08 | 560
    560      |____________
    ____     | 113,75, intérêt pour 5 mois 21 jours;
    495      | 239,48, intérêt pour un an ;
    560      | ____________
    ____     | 553,23, intérêt demandé.
Division -{ 1551
    1080
    ____
    2710
    2520
    ____
    1908
```

DEUXIÈME SOLUTION.

Bulletin à former.

Intérêt p. un an, ou moitié du dixième de 4789f65c, ci 239f4825;
——— p. 4 mois, tiers de l'intérêt d'un an, ci — 79,8275;
——— p. 1 mois, quart de l'intérêt de 4 mois, ci 19,9569;
——— p. 15 jours, moitié de l'intérêt de 1 mois, ci 9,9784;
——— p. 5 jours, tiers de l'intérêt de 15 jours, ci 3,3261;
Et pour 1 jour, cinquième de l'intérêt de 5 jours, ci 0,6652.

Intérêt demandé, ci 353f23c

TROISIÈME SOLUTION.

Bulletin à établir d'après les Tarifs

On devra prendre pour intérêt de 4000 fr., pour un an, 200f00;
Pour   700, *id.*, pour *idem* ,- 35,00;
        80, *id.*, pour *idem* ,- 4,00;
         9, *id.*, pour *idem* ,- 0,45;
      0,65 c., p. *idem* ,- 0,03.
Pour l'intérêt de 4000 fr., pour 5 mois 83,33;
        700   *idem*, 14,58;
         80   *idem*, 1,67;
          9   *idem*, 0,19;
       0,65   *idem*, 0,01.
Pour l'intérêt de 4000 fr., pour 21 jours 11,67;
        700   *idem*, 2,04;
         80   *idem*, 0,23;
          9   *idem*, 0,02;
      0 f. 65 c., *id.*, 0,00.

Intérêt demandé, ci 353f22c

4°

On demande encore quel est l'intérêt de la somme de 12542ᶠ60ᶜ pour 2 ans 9 mois 25 jours à raison de 6 et demi ou 6,50 pour cent par an ?

PREMIÈRE SOLUTION.

D'après ce qui a été expliqué N° 2, l'intérêt pour un an de la somme proposée est égal au produit de 125,426 par 6,50, revenant à 815 fr. 27 c. ;

Et quant à l'intérêt de la même somme pour 9 mois 25 jours, il faudra se convaincre que puisque pour 360 jours on a 815 f. 27 c., pour 9 mois 25 jours, ou pour 295 jours, on devra avoir 815,27 multipliés par 295, dont on divisera le produit par 360, division qui donnera pour quotient ou résultat 668 fr. 06 c., qui, réunis à 1630 fr. 54 c., montant des deux ans d'intérêt, donneront donneront enfin 2298 fr. 60 c. pour intérêt demandé.

Opération à suivre.

```
Multiplication {  815.27
               {  295
                  ────────
                   407655
                  733743
                 163054
                 ─────────
Division ─ {  240504,65 │ 360
           {  2160       ├──────────
           {  ────       668,06,   intérêt pour 9 mois 25 jours ;
           {  2450       815,27, }
           {  2160       815,27. } intérêt de 2 ans ;
           {  ────       ─────────
           {  2904       2298ᶠ60ᶜ, intérêt demandé.
           {  2880
           {  ────
           {  2465
           {  2160
              Reste 505 à négliger.
```

DEUXIÈME SOLUTION.

On devra commencer par calculer l'intérêt à 6,50 pour cent par an, en multipliant 125,426 par 6,50, ce qui donnera 815 francs 27 centimes.

Puis on établira le bulletin suivant :

Intérêt de 12542 fr. 60 c., à 6,50 pour cent par an, ci   815f27c;
Encore pour un an.   815,26;
Pour 6 mois, moitié de l'intérêt d'un an, ci   407,655;
Pour 3 mois, moitié de l'intérêt de 6 mois,   203,817;
Pour 1 mois, tiers de 3 mois, 67,9591, et pour 15 jours, ci   33,969;
Pour 5 jours, tiers de 15 jours, ci ———   11.525;
Pour autres 5 jours, ci ———————   11,525.

Intérêt demandé , conforme au précédent   2298f60c.

5°

Enfin pour acquérir une parfaite intelligence de l'usage des tarifs ci-après, on devra déterminer l'intérêt de 2864 fr. à 5 pour cent pour un an 2 mois 16 jours, en recherchant tous les articles portés au bulletin suivant.

On devra retrouver p. l'intérêt de 2000 fr. { pour un an 100f00c; / pour 2 mois 16,67.

Pour l'intérêt de   800 fr. { pour un an 40.00; / pour 2 mois 6.67.

Pour l'intérêt de   60 fr. { pour un an 5,00; / pour 2 mois 0,50.

Pour l'intérêt de   4 fr. { pour un an 0,20; / pour 2 mois 0,05.

Pour l'intérêt de 2000 fr. | p. 11 jours 4,44;
id.   800 fr. | p. *idem* 1,77;
id.   60 fr. | p. *idem* 0,15;
id.   4 fr. | p. *idem* 0,01.

Intérêt cherché 173f42c

On obtiendrait le même résultat en prenant l'intérêt de 2864 fr. pour un an, qui est de 143 fr. 20 c. , et en lui ajoutant l'intérêt de la même somme pendant 76 jours , qui revient au produit de 143 fr. 20 c. , multiplié par 76 , divisé par 360.

TARIF

DES INTÉRÊTS CALCULÉS PAR AN ET PAR MOIS, A RAISON DE 5 POUR 100.

Capitaux	INTÉRÊT POUR					
	Une Année	Un Mois.	2 Mois.	3 Mois	4 Mois	5 Mois.
1	0ʳ05ᶜ	0ʳ00ᶜ	0ʳ01ᶜ	0ʳ01ᶜ	0ʳ02ᶜ	0ʳ02ᶜ
2	10	1	2	2	3	4
3	15	1	2	4	5	6
4	20	2	3	5	7	8
5	25	2	4	6	8	10
6	30	3	5	7	10	12
7	35	3	6	9	12	15
8	40	3	7	10	13	17
9	45	4	7	11	15	19
10	50	4	8	12	17	21
20	1 0	8	17	25	33	42
30	1,50	12	25	37	50	62
40	2 0	17	33	50	67	83
50	2,50	21	42	62	83	1 0
60	3 0	25	50	75	1 0	1,25
70	3,50	29	58	87	1,17	1,46
80	4 0	33	67	1 0	1,33	1,67
90	4,50	37	75	1,12	1,50	1,87
100	5 0	42	83	1,25	1,67	2,08
200	10 0	83	1,67	2,50	3,33	4,17
300	15 0	1,25	2,50	3,75	5 0	6,25
400	20 0	1,67	3,33	5 0	6,67	8,33
500	25 0	2,08	4,17	6,25	8,33	10,42
600	30 0	2,50	5 0	7,50	10 0	12,50
700	35 0	2,92	5,83	8,75	11,67	14,58
800	40 0	3,33	6,67	10 0	13,33	16,67
900	45 0	3,75	7,50	11,25	15 0	18,75
1000	50 0	4,17	8,33	12,50	16,67	20,83
2000	100 0	8,33	16,67	25 0	33,33	41,67
3000	150 0	12,50	25 0	37,50	50 0	62,50
4000	200 0	16,67	33,33	50 0	66,67	83,33
5000	250 0	20,83	41,67	62,50	83,33	104,17

Suite du TARIF *ci-contre*

DES INTÉRÊTS CALCULÉS PAR AN ET PAR MOIS, A RAISON DE 5 POUR 100.

Capit.	INTÉRÊT POUR					
	6 Mois.	7 Mois.	8 Mois.	9 Mois.	10 Mois.	11 Mois.
1	0ᶠ 2ᶜ	0ᶠ02ᶜ	0ᶠ03ᶜ	0ᶠ04ᶜ	0ᶠ04ᶜ	0ᶠ05ᶜ
2	5	6	7	7	8	9
3	7	9	10	11	12	14
4	10	12	13	15	17	18
5	12	15	17	19	21	23
6	15	17	20	22	25	27
7	18	20	23	26	30	32
8	20	23	27	30	33	37
9	22	26	30	34	37	41
10	25	29	33	37	42	46
20	50	58	67	75	83	92
30	75	87	1 0	1,13	1,25	1,37
40	1 0	1,17	1,33	1,50	1,67	1,83
50	1,25	1,46	1,67	1,87	2,08	2,29
60	1,50	1,75	2 0	2,25	2,50	2,75
70	1,75	2,04	2,33	2,62	2,92	3,21
80	2 0	2,33	2,67	3 0	3,33	3,67
90	2,25	2,62	3 0	3,37	3,75	4,12
100	2,50	2,92	3,33	3,75	4,17	4,58
200	5 0	5,83	6,67	7,50	8,33	9,17
300	7,50	8,75	10 0	11,25	12,50	13,75
400	10 0	11,67	13,33	15 0	16,67	18,33
500	12,50	14,58	16,67	18,75	20,78	22,92
600	15 0	17,50	20 0	22,50	25 0	27,50
700	17,50	20,42	23,33	26,25	29,17	32,08
800	20 0	23,33	26,67	30 0	33,33	36,67
900	22,50	26,25	30 0	33,75	37,50	41,25
1000	25 0	29,17	33,33	37,50	41,67	45,83
2000	50 0	58,33	66,67	75 0	83,33	91,67
3000	75 0	87,50	100 0	112,50	125 0	137,50
4000	100 0	116,67	133,33	150 0	166,67	183,33
5000	125 0	145,83	166,67	187,50	208,33	229,17

TARIF

D'INTÉRÊTS CALCULÉS PAR JOURS, A RAISON DE 5 POUR 100.

JOURS.	CAPITAUX.							
	1 franc.	2 fr.	3 fr	4 f.	5 fr.	6 fr.	7 fr.	8 fr
	Intérêt.							
1	«c	«c	«c	«c	«c	«c	«c	«c
2	«	«	«	«	«	«	«	«
3	«	«	«	«	«	«	«	«
4	«	«	«	«	«	«	«	«
5	«	«	«	«	«	«	«	«
6	«	«	«	«	«	«	«	«
7	«	«	«	«	«	«	«	«
8	«	«	«	«	«	«	«	1
9	«	«	«	«	«	«	1	1
10	«	«	«	«	«	1	1	1
11	«	«	«	«	«	1	1	1
12	«	«	«	«	1	1	1	1
13	«	«	«	«	1	1	1	1
14	«	«	«	«	1	1	1	1
15	«	«	«	1	1	1	1	2
16	«	«	«	1	1	1	1	2
17	«	«	«	1	1	1	1	2
18	«	«	«	1	1	1	2	2
19	«	«	«	1	1	1	2	2
20	«	«	1	1	1	2	2	2
21	«	«	1	1	1	2	2	2
22	«	«	1	1	1	2	2	2
23	«	«	1	1	1	2	2	2
24	«	«	1	1	2	2	2	2
25	«	«	1	1	2	2	2	2
26	«	«	1	1	2	2	2	2
27	«	«	1	1	2	2	2	2
28	«	«	1	1	2	2	2	2
29	«	«	1	1	2	2	2	2

Suite du TARIF ci-contre

D'INTÉRÊTS CALCULÉS PAR JOURS, A RAISON DE 5 POUR 100.

JOURS.	CAPITAUX.							
	9 fr.	10 fr	20 fr.	30 fr	40 fr.	50 fr.	60 fr.	70 fr
	Intérêt.							
1	«^{c}	«^{c}	»^{c}	«^{c}	«^{c}	«^{c}	1^c	1^c
2	«	«	«	1	1	1	2	2
3	«	«	1	1	2	2	2	2
4	«	«	1	2	2	2	3	4
5	«	«	1	2	2	3	4	5
6	«	1	2	2	3	4	5	6
7	1	1	2	2	4	5	6	7
8	1	1	2	3	4	5	7	8
9	1	1	2	4	5	6	7	9
10	1	1	2	4	6	7	8	10
11	1	1	2	5	6	7	9	11
12	1	2	3	5	7	8	10	12
13	1	2	3	5	7	9	11	12
14	2	2	4	6	8	10	12	13
15	2	2	4	6	8	10	12	14
16	2	2	4	7	9	11	13	16
17	2	2	5	7	10	12	14	17
18	2	2	5	7	10	12	15	17
19	2	2	5	7	11	13	16	18
20	2	2	5	8	11	14	17	19
21	2	2	6	9	12	15	17	20
22	2	2	6	9	12	15	18	22
23	2	2	6	10	12	16	19	22
24	2	3	7	10	13	17	20	23
25	2	3	7	10	14	17	21	24
26	2	3	7	11	15	18	22	25
27	3	4	7	11	15	19	22	26
28	3	4	7	12	16	19	23	27
29	3	4	8	12	16	20	24	28

Suite du **TARIF** *d'autre part*

D'INTÉRÊTS CALCULÉS PAR JOURS, A RAISON DE 5 POUR 100.

JOURS.	CAPITAUX.							
	80 f.	90 f.	100 f.	200 f.	300 f.	400 f.	500 f.	600 f.
					Intérêt.			
1	1^c	1^c	1^c	2^c	$0^f\,04^c$	$0^f\,06^c$	$0^f\,07^c$	$0^f\,08^c$
2	2	2	2	6	8	12	14	17
3	3	4	4	8	12	17	21	25
4	4	5	6	11	17	22	28	33
5	6	6	7	14	21	27	35	42
6	7	7	8	17	25	33	42	50
7	7	9	10	19	29	39	49	58
8	9	10	11	22	33	44	56	67
9	10	11	12	25	37	50	62	75
10	11	12	14	28	42	56	69	83
11	12	14	15	31	46	62	76	92
12	13	15	17	33	50	67	83	1,00
13	14	16	18	36	54	72	90	1,08
14	16	17	19	39	58	77	97	1,17
15	17	19	21	42	62	83	1,04	1,25
16	17	20	22	44	67	89	1,11	1,33
17	19	21	23	47	71	95	1,18	1,42
18	20	22	25	50	75	1,00	1,25	1,50
19	21	24	27	53	79	1,06	1,32	1,58
20	22	25	27	56	83	1,12	1,39	1,67
21	23	26	29	58	87	1,17	1,46	1,75
22	24	27	31	61	92	1,22	1,52	1,83
23	26	29	32	64	96	1,27	1,60	1,92
24	27	30	33	67	1,00	1,33	1,67	2,00
25	27	31	35	69	1,04	1,39	1,73	2,08
26	29	32	36	72	1,08	1,45	1,81	2,17
27	30	34	37	75	1,12	1,50	1,87	2,25
28	31	35	39	77	1,17	1,56	1,95	2,33
29	32	36	40	81	1,21	1,62	2,02	2,42

Suite du **TARIF** *ci-contre*

D'INTÉRÊTS CALCULÉS PAR JOURS, A RAISON DE 5 POUR 100.

JOURS	CAPITAUX.							
	700 f.	800 f.	900 f.	1000 f	2000 f	3000 f	4000 f.	5000 f.
	Intérêt.							
1	0f 10c	0f 11c	0f 12c	0f 14c	0f 28c	00f 42c	00f 56c	00f 69
2	19	22	25	27	56	00,83	1,11	1,39
3	29	33	37	42	83	1,25	1,67	2,08
4	39	44	50	56	1,12	1,67	2,22	2,77
5	48	56	62	69	1,39	2,08	2,77	3,47
6	58	67	75	83	1,67	2,50	3,33	4,17
7	68	77	87	97	1,94	2,92	3,89	4,86
8	77	89	1,00	1,11	2,22	3,33	4,44	5,56
9	87	1,00	1,12	1,25	2,50	3,75	5,00	6,25
10	97	1,11	1,25	1,39	2,78	4,17	5,56	6,94
11	1,07	1,22	1,37	1,52	3,06	4,58	6,11	7,64
12	1,17	1,33	1,50	1,67	3,33	5,00	6,67	8,33
13	1,27	1,44	1,62	1,81	3,62	5,42	7,22	9,02
14	1,36	1,56	1,75	1,94	3,89	5,83	7,77	9,72
15	1,46	1,67	1,87	2,03	4,17	6,25	8,33	10,42
16	1,56	1,77	2,00	2,22	4,44	6,67	8,89	11,11
17	1,65	1,89	2,12	2,36	4,72	7,08	9,44	11,81
18	1,75	2,00	2,25	2,50	5,00	7,50	10,00	12,50
19	1,85	2,11	2,37	2,64	5,28	7,92	10,56	13,19
20	1,94	2,22	2,50	2,77	5,56	8,33	11,11	13,89
21	2,04	2,33	2,62	2,92	5,83	8,75	11,67	14,58
22	2,14	2,44	2,75	3,01	6,12	9,17	12,22	15,17
23	2,23	2,56	2,87	3,19	6,39	9,58	12,77	15,97
24	2,33	2,67	3,00	3,33	6,67	10,00	13,33	16,67
25	2,43	2,77	3,12	3,47	6,94	10,42	13,89	17,36
26	2,52	2,89	3,25	3,61	7,22	10,83	14,44	18,06
27	2,62	3,00	3,37	3,75	7,50	11,25	15,00	18,75
28	2,72	3,11	3,50	3,89	7,77	11,67	15,56	19,44
29	2,82	3,22	3,62	4,02	8,06	12,08	16,11	20,14

TABLEAU
DES RETENUES A FAIRE SUR LES RENTES,
En vertu de déclarations, arrêts, édits et lois.

ÉPOQUES.	QUOTITÉ de LA RETENUE.	Revenant pour 100 fr. de Rente.
Du 1er octobre 1710 au 1er janv. 1718	Un dixième.	10f
— 1er janvier 1718 — 1er août. 1725	Néant.	»
— 1er août 1725 — 1er janv. 1728	Un cinquantième.	2
— 1er janvier 1728 — 1er janv. 1734	Néant.	»
— 1er janvier 1734 — 1er janv. 1737	Un dixième.	10
— 1er janvier 1737 — 1er octo. 1741	Néant.	»
— 1er octobre 1741 — 1er janv. 1747	Un dixième.	10
— 1er janvier 1747 — 1er janv. 1750	1 dixième et 2 sous pour livre du dixième.	11
— 1er janvier 1750 — 1er octo. 1756	1 vingtième et 2 sous pour livre du dixième.	6
— 1er octobre 1756 — 1er octo. 1759	2 vingtièmes et 2 sous pour livre du dixième.	11
— 1er octobre 1759 — 1er janv. 1764	3 vingtièmes, 2 sous pour livre du dixième, et 2 sous pour livre des vingtièmes.	16l 10s
— 1er janvier 1764 — 1er janv. 1783	2 vingtièmes et 2 sous pour livre du dixième.	11
— 1er janvier 1783 — 1er janv. 1787	3 vingtièmes et 2 sous pour livre du dixième.	16
— 1er janvier 1787 — 1er janv. 1791	2 vingtièmes et 2 sous pour livre du dixième.	11
— 1er janvier 1791 — 1er janv. 1792	Un cinquième.	20
— 1er janvier 1792 — 1er janv. 1793	Un quart.	25
— 1er janvier 1793 — 1er janv. 1794	Un quart.	25
— 1er janvier 1794 — 22 sept. 1794	Un cinquième.	20
— 22 septem. 1794 — 22 sept. 1796	Un dixième.	10
— 22 septem. 1796 — 22 sept. 1797	Un cinquième.	20
— 22 septem. 1797 — 22 sept. 1798	Un cinquième.	20
— 22 septem. 1978 — 23 sept. 1799	Un cinquième.	20
— 23 septem. 1799 — 23 sept. 1800	1 cinquième plus 1 vingtième pour subvention.	25f
— 23 septem. 1800 jusqu'en 1813	Un cinquième.	20

NOTA. Pour les retenues sur les Rentes Viagères, on prendra moitié des retenues des Rentes Perpétuelles.

PRIX DES GRAINS SUR LA PLACE D'AURILLAC,

D'après d'anciens documents et notes, calculés, terme moyen, par mesure de 52 litres (setier ancien d'Aurillac) jusqu'en 1800; et par demi-hectolitre à partir de cette époque.

ÉPOQUES.	FROMENT.	SEIGLE.	ÉPOQUES.	FROMENT.	SEIGLE.
1620 à 1630	3f26c	2f65c	1806	11f25c	7f25
1630 à 1640	5,02	2,36	1807	10,05	6,87
1640 à 1650	5,88	2,93	1808	9,61	6,55
1650 à 1660	4,91	4,00	1809	9,84	7,75
1660 à 1670	3,73	2,88	1810	15,09	11,51
1670 à 1680	3,18.5	2,33,5	1811	15,57	12,60
1680 à 1690	3,27.5	2,48	1812	18,50	15,69
1690 à 1700	5,09,5	4,25,5	1813	12,50	10,08
1700 à 1708	5,29	2,40	1814	10,54	9,20
Mauvaises Années { 1708	5,95	4,82	1815	12,00	10,14
{ 1709	8,72	7,52	1816	16,96	14,52
1710 à 1720	4,54	5,55,5	1817	19,47	15,97
1720 à 1730	5,01,5	5,77,5	1818	15,94	9,71
1730 à 1740	4,87	5,48,5	1819	10,65	7,08
1740 à 1750	5,18,5	5,94,5	1820	12,09	8,14
1750 à 1760	5,88	4,41	1821	10,17	7,79
1760 à 1770	6,80,5	5,49,5	1822	9,00	6,47
1770 à 1780	9,39,5	7,58,5	1823	11,24	7,51
1780 à 1790	8,61,5	6,61,6	1824	10,86	7,94
1790	10,80	9,15	1825	9,56	7,45
1791	13,78	11,78	1826	8,58	6,84
1792	23,23	15,75	1827	9,17	7,05
1793	25,21	12,20	1828	11,40	8,30
1794	10,50	5,25	1829	11,12	7,92
1795	13,80	13,90	1830	11,96	9,91
1796	14,99	11,50	1831	12,15	9,78
1797	11,84	9,45	1832	12,40	9,88
1798	16,38	9,25	1833	9,69	7,11
1799	14,45	7,25	1834	10,25	7,71
1800	15,99	7,68	1835	8,79	6,58
1801	15,69	8,30	1836	10,76	8,18
1802	13,41	8,90	1837	10,97	8,61
1803	13,41	11,04	1838	9,54	7,52
1804	13,17	9,23	1839		
1805	11,57	7,34	1840		

Nota. Dans la *première partie* des Instructions familières *sur les Poids et Mesures*, dont l'impression est très-avancée, et qui pourra paraître dans les premiers jours de Novembre prochain, on trouvera :

Une *Notice* sur l'origine et l'établissement du *Système métrique décimal* ;

Le *Texte de la loi de* 1837 sur les *Poids et Mesures* ;

Des *Instructions*, Rapports et Tables de réduction des *mesures* légales de *longueur*, de *superficie* et *agraires* ; de *volume* et de *capacité* ; et de celles analogues, *jadis en usage dans les diverses communes du Cantal*, avec des exemples de calculs des *cubes, volumes* et *capacités cylindriques*, ainsi que sur la *pesanteur spécifique* et *l'alliage des métaux*.

FIN.

Aurillac, Imprimerie de Picut.

TABLE DES MATIÈRES

CONTENUES DANS LA DEUXIÈME PARTIE DES INSTRUCTIONS SUR LES POIDS ET MESURES.

TABLE DES MATIÈRES.

POIDS

TABLE DES MATIÈRES.

TABLE DES MATIÈRES.

FIN DE LA TABLE DES MATIÈRES DE LA DEUXIÈME PARTIE.